Isack Bulugu

Controlo de colunas de destilação de líquidos acessível pela Web utilizando o Ilab

Isack Bulugu

Controlo de colunas de destilação de líquidos acessível pela Web utilizando o Ilab

ScienciaScripts

Imprint

Cover image: www.ingimage.com

This book is a translation from the original published under ISBN 978-3-659-86218-2.

Publisher:
Sciencia Scripts
is a trademark of
Dodo Books Indian Ocean Ltd. and OmniScriptum S.R.L publishing group

120 High Road, East Finchley, London, N2 9ED, United Kingdom
Str. Armeneasca 28/1, office 1, Chisinau MD-2012, Republic of Moldova, Europe
Printed at: see last page
ISBN: 978-620-8-35324-7

ÍNDICE

RECONHECIMENTO

Em primeiro lugar, gostaria de agradecer a Deus, o Todo-Poderoso, por me ter dado força e saúde para realizar este trabalho de investigação até à sua conclusão. Gostaria de agradecer aos meus patrocinadores, a Carnegie Corporation e a Universidade de Dar es Salaam, por me terem dado dinheiro para comprar equipamento relacionado com este trabalho de investigação, que era o mais necessário para este projeto, e por terem sido a minha fonte para concluir esta investigação. Também me apoiaram e encorajaram através de várias acções de formação e seminários a concluir esta tarefa, para que eu não procrastinasse na sua realização.

Gostaria de agradecer de todo o coração ao meu orientador, Dr. Alfred Mwambela, por toda a sua supervisão e apoio que me deu e que ajudaram verdadeiramente a progredir e a facilitar a investigação. A sua cooperação é de facto muito apreciada. Ao meu co-orientador, Dr. Emrod Elisante, gostaria de estender a minha gratidão pelo seu contributo muito valioso. Em suma, ele contribuiu muito para moldar e construir as minhas ideias para o desenvolvimento deste projeto.

Os meus agradecimentos vão também para os meus bolseiros de pós-graduação no projeto iLabs: Hubert Msuya, Nassoro Ally, Angelina Misso e Antony Kigombola. Todos os projectos durante o programa não seriam nada sem o entusiasmo e a imaginação de ambos. Além disso, esta cooperação fez-me perceber o valor do trabalho em equipa e uma nova experiência no ambiente de trabalho, que nos desafia a cada minuto. Não esquecer o grande apreço que tenho pelo resto da equipa do UDSM-iLab que me ajudou de vez em quando durante o projeto. Por último, gostaria também de agradecer à minha família e aos meus amigos pela sua ajuda, encorajamento e bênçãos.

DEDICAÇÃO

Dedicado à memória da minha mãe

Christina Mako Bulugu

que lhe transmitiu o gosto pela leitura e o respeito pela educação.

RESUMO

O sistema de controlo da coluna de destilação líquida acessível através da Web, utilizando a arquitetura partilhada iLab, foi desenvolvido na UDSM. Sendo um instrumento de investigação, a coluna de destilação de líquidos era originalmente operada manualmente, o que significa que o utilizador tem de registar e controlar a temperatura manualmente, o que representa uma carga pesada para o utilizador. Além disso, uma vez que as experiências realizadas são perigosas para a saúde humana, pois envolvem produtos químicos aquecidos a temperaturas muito elevadas, era necessário tornar o sistema acessível à distância para evitar o contacto direto com a coluna de destilação. As soluções possíveis para os problemas existentes eram o acesso à Web e o controlo remoto da coluna de destilação utilizando o ISA.

Os principais resultados desta investigação foram o dispositivo de aquisição de dados NI USB 6211 para adquirir temperaturas e gerar sinais para efeitos de controlo, e foram utilizados sensores de termopares do tipo K, uma vez que podem funcionar a temperaturas muito elevadas. Os principais parâmetros controláveis foram a temperatura em diferentes pontos ao longo da coluna, incluindo a temperatura dos componentes do topo e do fundo e a temperatura da caldeira de reaquecimento. Outros parâmetros como a pressão da coluna, o caudal de fundo, o caudal de alimentação e o fornecimento de calor mantiveram-se constantes. O servidor Labserver foi criado e depois ligado à coluna de destilação utilizando o NI USB 6211 como dispositivo de aquisição de dados. O dispositivo de aquisição de dados foi configurado com termopares para adquirir a temperatura da coluna de destilação. O Labserver foi ligado à LAN/internet e a coluna de destilação foi acedida através de serviços Web para a realização de diferentes experiências.

Assim, as experiências da coluna de destilação tornaram-se acessíveis a qualquer pessoa, através de uma rede TCP/IP, com um navegador Web normal, o plug-in relevante e permissão. O objetivo era controlar e monitorizar a temperatura da coluna na qual foram inseridos sensores de temperatura e recolher dados a partir da alteração resultante na saída do sensor de temperatura. Além disso, os dados podem ser registados e armazenados para referência futura e a curva caraterística também pode ser traçada à medida que a experiência é realizada.

LISTA DE ABREVIATURAS

AI	Analogue Input
ACT	Automatic Control Telelab
AO	Analog Output
API	Application Programming Interface
ARB	Arbitrary Waveform Generator
ASP	Active Server Pages
CPE	Chemical Processing Engineering
DAQ	Data Acquisition Device
DC	Direct Current
DIO	Digital Input/Output
DLL	Dynamic Link Library
EIT	Electrical Engineering and Information Technology
ELVIS	Educational Laboratory Virtual Instrumentation Suite
GUI	Graphical User Interface
HDD	Hard Disk Drive

HP	Hewlett Packard
HTTP	Hypertext Transfer Protocol
ICT	Information and Communication Technologies
IDE	Integrated Development Environment
iLabs	Internet Laboratories
ISA	iLab Shared Architecture
LabVIEW	Laboratory Virtual Instrumentation Engineering Workbench
LAN	Local Area Network
LC	Lab Client
LSM	Lab Server Management
MIT	Massachusetts Institute of Technology
MUK	Makerere University Kampala
NI	National Instruments
OAU	Obafemi Awolowo University
SB	Service Broker
SCF	Server Communication Framework
SCOPE	Oscilloscope

SCXI	software controlled National Instruments
SOAP	Simple Object Access Protocol
SQL	Structured Query Language
TTL	Transistor Transistor Logic
UDSM	University of Dar es Salaam
USA	United States of America
USB	Universal Serial Bus
VI	Virtual Instrument
WGLN	Wallenberg Global Learning Network
XML	Extensible Markup Language

CAPÍTULO 1: INTRODUÇÃO

1.1 Introdução geral

Na Universidade de Dar es Salaam, existe uma unidade-piloto para a produção de bioetanol, desenvolvida com recursos disponíveis localmente, que foi utilizada por estudantes e investigadores para fins de ensino e aprendizagem (Ngowi, 2011). Antes deste trabalho, a instalação era operada manualmente, pelo que o investigador ou o estudante tinha de registar manualmente a temperatura de cada ponto selecionado ao longo da coluna, o que se tornava um trabalho fastidioso para o utilizador. Este modo de funcionamento exigia a presença física do operador no laboratório, o que punha em risco a sua segurança.

Devido à inadequação do sistema original, tal como referido no primeiro parágrafo, o iLab pôde proporcionar as seguintes oportunidades para a implementação de uma coluna de destilação de líquidos acessível através da Web. A arquitetura partilhada do iLab é uma infraestrutura acessível na Web que possui uma estrutura de software unificadora capaz de suportar o acesso a uma grande variedade de laboratórios em linha. A arquitetura de software do ISA aplica-se a dois tipos principais de experiências em linha: em lote, em que toda a experiência é definida antes do início da execução, e interactiva, em que o utilizador pode observar e modificar o curso da experiência em tempo real (de Alamo, 2008). Esta investigação baseou-se no modo interativo da experiência em linha devido ao facto de o utilizador interagir com a planta em tempo real e poder alterar os parâmetros e monitorizar as experiências em tempo real. Outro aspeto é a compatibilidade do ISA com a aquisição de dados NI USB 6211 e o termopar tipo K para uma melhor aquisição de dados.

Este trabalho de investigação teve como objetivo o desenvolvimento de um mecanismo de monitorização e registo automático das temperaturas em vários pontos da coluna de destilação, bem como o ajuste da temperatura para controlo do refluxo. Além disso, foi necessário desenvolver a acessibilidade da instalação através da Internet para evitar a presença física do operador no laboratório durante as experiências. A automação e o controlo da instalação foram construídos a partir de um dispositivo de aquisição de dados conhecido como NI USB 6211, que foi muito importante, uma vez que desempenhou um papel importante na realização dos objectivos desta investigação. O DAQ tem a capacidade de gerar sinais para acionar uma bomba com a ajuda de um interrutor de relé como dispositivo de acionamento para abrir/fechar válvulas para controlar o fluxo de refluxo para arrefecimento. Os sensores de temperatura inseridos na coluna de destilação, responsáveis pela deteção das temperaturas exteriores, são ligados ao servidor do laboratório através do NI DAQ, utilizando os canais de entrada analógica do DAQ, de modo a poder medir a tensão de saída dos sensores de temperatura a uma determinada temperatura. O sistema foi dividido em controlo e monitorização da temperatura e controlo do refluxo, pelo que, quando combinado, obtém-se uma coluna de destilação líquida acessível através da Web. Os sensores de temperatura utilizados foram termopares do tipo K, devido ao facto de ser o primeiro termopar de uso geral, de baixo custo, de elevada sensibilidade, de elevada gama de temperaturas e, devido à sua popularidade, estar disponível numa grande variedade de sondas. Deste modo, os valores da temperatura e das tensões correspondentes podem ser registados e armazenados para referência futura e a curva caraterística pode também ser traçada à medida que a experiência é realizada. Os laboratórios remotos necessitam basicamente de um kit de ferramentas de Internet e de uma tomada de dados do software labView para poderem funcionar remotamente. A tecnologia de cliente utilizada no desenvolvimento do laboratório remoto, que necessitava de um navegador Web normal com o plug-in relevante como cliente. Assim, simplifica-se o lado do cliente para que os alunos se possam concentrar na experiência e não na aprendizagem da interface do cliente.

O trabalho demonstra que o iLab pode ser aplicado em qualquer domínio da engenharia. Como podemos ver, esta investigação centrou-se especificamente no domínio da engenharia química e de processamento, onde a coluna de destilação, que é um sistema muito importante para as suas actividades diárias, foi disponibilizada em linha com êxito. Pode proporcionar aos estudantes e investigadores, tanto no campus como fora dele, a flexibilidade de realizarem as experiências de acordo com o seu próprio horário e conveniência.

1.2 Declaração do problema

O Departamento de Química e Processamento da UDSM desenvolveu um protótipo de torre de destilação fraccionada contínua e em estado estacionário, tanto para investigação como para formação. O principal elemento controlável no sistema desenvolvido foi a temperatura, que deve ser mantida constante durante a extração de um determinado líquido. A situação de manter a temperatura constante era totalmente dependente do processo conhecido como operação de refluxo. O problema que existia era o facto de o sistema ser operado manualmente, pelo que o utilizador tinha de registar e monitorizar manualmente cada um dos pontos selecionados ao longo da coluna, o que se tornava um trabalho fastidioso. Quando era necessário ajustar a temperatura, a operação de refluxo era iniciada manualmente, pelo que o utilizador tinha de estar fisicamente junto do sistema e ligar a bomba manualmente para que a operação de refluxo tivesse lugar. Outro problema detectado foi que o sistema exigia que o utilizador estivesse fisicamente no laboratório quando realizava a experiência, o que era muito arriscado e perigoso para o utilizador porque o sistema funciona a temperaturas muito elevadas, o que não é bom para a saúde humana.

Nesta investigação foi necessário interagir a planta desenvolvida e o servidor de laboratório que desenvolveria um mecanismo de monitorização automática das temperaturas em vários pontos selecionados na coluna de destilação e capaz de iniciar a operação de refluxo para manter a temperatura durante a extração do líquido.

1.3 Objectivos

Os objectivos eram os seguintes

i. Desenvolver um mecanismo de controlo automático das temperaturas em vários pontos da coluna de destilação.

ii. Desenvolver um mecanismo para controlar o fluxo do refluxo para efeitos de arrefecimento.

iii. Desenvolver um controlador para o ajuste automático da temperatura em linha.

iv. Implementar a interface interactiva do utilizador adequada ao funcionamento em linha.

1.4 Âmbito de aplicação e limitações

Esta investigação centrou-se no desenvolvimento de um mecanismo que permitisse automatizar o protótipo no laboratório CPE e aceder ao mesmo através da Internet. A automatização do sistema baseou-se no ajuste e monitorização online da temperatura, desenvolvendo um mecanismo para controlar o fluxo de refluxo durante o processo de arrefecimento. Envolveu também a implementação de uma interface interactiva para o utilizador, adequada ao funcionamento em linha. A arquitetura interactiva foi utilizada para esta investigação devido à natureza das experiências que envolviam actividades em tempo real; a arquitetura é uma experiência de laboratório mais realista. Um investigador da CPE efectuou uma experiência de ensaio relativa à produção de etanol utilizando uma experiência em lote, que foi utilizada como teste para o sistema desenvolvido. Esta investigação não foi além da experiência de teste mencionada para testar a funcionalidade do sistema desenvolvido.

1.5 Importância do estudo

O principal objetivo desta investigação foi fazer a interação entre a planta e o labserver. A interação envolveu o desenvolvimento de um mecanismo de monitorização da temperatura em vários pontos da coluna e também o desenvolvimento de um mecanismo de controlo da operação de refluxo. Após a interação ter sido bem sucedida, o labserver foi configurado com o ServiceBroker e recebeu um endereço IP para poder ser acedido através da internet, o que resulta numa destilação em coluna líquida acessível através da web. O sistema desenvolvido contribui para o conhecimento geral do desenvolvimento de um sistema de aprendizagem de gestão de experiências

(EMLS). O sistema também proporciona aos investigadores tempo suficiente para resolverem problemas, acedendo à instalação remotamente em qualquer lugar e a qualquer hora. Além disso, os estudantes têm a capacidade de realizar uma experiência física e registar dados instantaneamente a partir da instalação localizada no laboratório de processamento químico, à distância, a partir de qualquer parte do mundo. Além disso, os estudantes têm a segurança de trabalhar remotamente longe do laboratório, o que é vantajoso para eles devido ao perigo que pode ser causado por experiências que envolvem produtos químicos e temperaturas elevadas. Cada estudante é submetido a experiências práticas e reais ao seu próprio ritmo, o que resulta numa melhor compreensão da matéria dada numa aula.

A documentação técnica produzida através desta investigação ajuda os estudantes e os investigadores na realização de experiências utilizando a coluna de destilação líquida acessível através da Web, bem como os professores mandatados para as administrar. Uma vez que esta é a primeira investigação no domínio do processamento químico, dá aos futuros investigadores o direito verde de saberem que o ilab pode ser utilizado em qualquer domínio, dependendo da forma como se pretende utilizá-lo. Por isso, não devem esforçar-se apenas por explorar os domínios da eletrónica e das telecomunicações, mas também outros domínios, como o provou esta investigação.

1.6 Apresentação do livro

Neste capítulo, são apresentados os antecedentes do projeto, o enunciado do problema de investigação, os objectivos, o âmbito e as limitações e o significado do projeto. As secções deste livro que se seguem são apresentadas em sete grandes temas, nomeadamente: Capítulo Dois: Revisão da Literatura, Capítulo Três: Metodologia, Capítulo Quatro: Implementação, Capítulo Cinco: Resumo, Conclusões e Recomendações, Referências e Apêndices.

O capítulo dois abrange a literatura relacionada com a história do projeto iLab, que inclui os antecedentes do projeto iLab em geral, os antecedentes do projeto iLab África, os antecedentes e a situação atual do iLab na UDSM em geral. Também aborda o NI labVIEW e o dispositivo de aquisição de dados da National Instrument (NI USB-6211), incluindo uma panorâmica da arquitetura partilhada do iLab (ISA) e da infraestrutura do iLab em geral. Descreve também a ideia de destilação e o tipo de sensor utilizado.

Capítulo III: O capítulo diz respeito à metodologia, descrevendo basicamente uma descrição elaborativa e sistemática dos passos dados para atingir o objetivo do projeto de investigação. Analisa os métodos e ferramentas utilizados para automatizar e controlar remotamente a coluna de destilação. A arquitetura utilizada é interactiva, o que ajuda a executar dados reais no funcionamento do sistema em tempo real.

Capítulo IV: O capítulo descreve a implementação do sistema, discute também os resultados ou a resposta do sistema em relação aos objectivos da investigação. Os diagramas de ligação e as imagens de ecrã ilustram os resultados desta investigação de acordo com os objectivos formulados.

Quinto capítulo: Conclusão e recomendações descreve resumidamente os resultados da investigação. Conclui também recomendando algumas observações que serão tidas em conta na exploração futura do iLab em diferentes domínios para além da engenharia de processamento químico.

CAPÍTULO 2: REVISÃO DA LITERATURA

2.1 História do iLabs

As experiências laboratoriais são muito importantes para o desenvolvimento das capacidades dos alunos na realização de trabalhos físicos, uma vez que põem em prática a teoria adquirida nas aulas, o que os torna perfeitos no mercado de trabalho atual. As experiências laboratoriais baseadas na Web (laboratórios remotos) são configurações experimentais que utilizam computadores interligados que formam uma rede para comunicar. As redes de computadores permitem a interação com dispositivos de hardware reais para realizar uma experiência a partir de qualquer lugar e em qualquer altura (Viedma, 2004), (Gikandi, 2006). A tecnologia de implementação destes laboratórios convencionais acedidos remotamente é conhecida como iLab. A ideia do iLab foi desenvolvida nos Estados Unidos da América, no MIT, desde 1998, com o objetivo de colmatar as lacunas dos laboratórios convencionais (Gikandi, 2006). Trata-se de uma tecnologia que permite aceder remotamente a instalações experimentais através da Internet, permitindo que estudantes e professores realizem experiências a partir de qualquer lugar e a qualquer momento (Jiwaji, 2008). Os utilizadores podem aceder às experiências laboratoriais quando e onde quiserem, contornando a necessidade de adquirir equipamento dispendioso ou de os estudantes esperarem para ter acesso ao mesmo. Os iLabs permitem que os estudantes interajam com hardware real e não com simulação, utilizando um navegador Web normal. A grande vantagem do ilab é que os estudantes colocam os seus cálculos e resultados teóricos em contacto com dados reais, proporcionando-lhes uma melhor compreensão dos conceitos de ciência e engenharia.

Vantagens dos ilabs em comparação com os laboratórios convencionais, os iLabs reduzem consideravelmente o custo de um laboratório, uma vez que apenas é necessário um equipamento que pode ser partilhado por vários utilizadores. Os iLabs podem ser partilhados e acedidos amplamente por estudantes e outros utilizadores em todo o mundo. Embora qualquer pessoa possa aceder aos laboratórios, apenas algumas instituições necessitam de manter o equipamento. Isto também permite que o sistema seja bem dimensionado. O projeto iLabs prevê uma rede global de iLabs para a qual as instituições contribuem com os seus próprios laboratórios e experiências, a fim de os partilhar com outras instituições (J.P.Nombo, 2009).

Anteriormente, os iLabs eram desenvolvidos de forma independente, utilizando diferentes abordagens de software. Só em 2002 é que foi desenvolvida uma arquitetura normalizada para a criação de laboratórios em linha (Jiwaji, 2008). Esta arquitetura foi designada por Arquitetura Partilhada iLabs (ISA).

Os laboratórios remotos, como os iLabs, têm, no entanto, algumas desvantagens em relação aos laboratórios tradicionais (Bryant, 2006). Os laboratórios são geridos remotamente por estudantes, pelo que, normalmente, não são capazes de manusear o equipamento de hardware. Assim, os estudantes não adquirem a experiência necessária para montar e depurar a configuração da experiência. Por conseguinte, os iLabs destinam-se a complementar os trabalhos laboratoriais práticos tradicionais, quando disponíveis. Nos locais onde o número de equipamentos de laboratório é reduzido em relação ao número de alunos por turma, os trabalhos iLabs podem ser efectuados com maior regularidade, juntamente com trabalhos práticos menos frequentes.

Por conseguinte, é muito importante não permitir que os estudantes façam apenas experiências em linha, porque quando estiverem empregados a situação será diferente. Os alunos precisam de ter algumas configurações nos laboratórios para as experiências que fazem em linha (B.M.Maiseli, 2009).

2.2 História do projeto iLab-Africa

A ideia do ilab foi firmemente introduzida em África depois de ter sido submetido a um estudo de viabilidade para determinar o potencial do iLab no enriquecimento da experiência educativa dos estudantes universitários e os potenciais problemas que a implementação do iLab em África enfrentaria. O estudo foi efectuado em três universidades importantes: A Universidade Obafemi Awolowo (OAU) da Nigéria, a UDSM da Tanzânia e a Universidade Makerere do Uganda (de Alamo, 2004).

A parceria foi estabelecida em 2005 entre o MIT (EUA) e três universidades africanas para formar o projeto iLab-Africa. As três universidades são a Universidade Obafemi Awolowo (OAU) em Ile-Ife, Nigéria, a Universidade de Dar-es-Salaam (UDSM) em Dar-es-Salaam, Tanzânia e a Universidade Makerere (MUK) em Kampala, Uganda (Jiwaji, 2008). É apoiado por uma subvenção da Carnegie Corporation de Nova Iorque. O objetivo do projeto iLab-Africa era explorar o potencial dos laboratórios em linha (iLabs) na África Subsariana.

O projeto iLab-Africa tenta injetar iLabs nos currículos em África para enriquecer o ensino das ciências e da engenharia. Jesus del Alamo, do MIT, para determinar se os iLabs poderiam ser úteis na África subsariana, descobriu que a engenharia eletrotécnica era uma das principais áreas que carecia de instalações laboratoriais e que poderia facilmente utilizar as experiências iLabs existentes no MIT, como a experiência de Caracterização de Dispositivos Microelectrónicos (del Alamo, 2005).

A parceria permitiu a estas universidades utilizar os iLabs instalados no MIT. Esta parceria dá aos estudantes destes países acesso a equipamento de elevado custo que as instituições locais não podem pagar. Ao longo deste projeto, um total de 694 estudantes da UDSM e da OAU utilizaram os laboratórios do MIT em vários trabalhos laboratoriais (Har- ward J. et. al). No entanto, a implementação efectiva dos iLabs em África tem sido dificultada pela baixa velocidade da Internet. Esperamos que a África Oriental seja brevemente ligada ao resto do mundo por um cabo de fibra ótica, cuja construção já foi iniciada; assim, o problema será eliminado. De momento, é muito difícil para os estudantes que trabalham com iLabs nesses países aceder eficazmente ao equipamento de laboratório alojado no MIT até que estejamos ligados ao resto do mundo por um cabo de fibra ótica.

Para resolver este problema, foram criados novos laboratórios que integram equipamento de baixo custo que pode ser alojado localmente em cada universidade. Consequentemente, estes laboratórios podem ser acedidos através de redes locais de alta velocidade (LAN), evitando a necessidade de ter acesso à Internet de alta velocidade (Jiwaji, 2008). Isto foi possível porque cada universidade tem uma boa infraestrutura LAN de Internet (geralmente com uma espinha dorsal de fibra ótica). Assim, em vez de depender da Internet para aceder ao hardware do MIT, cada universidade pode utilizar a sua LAN para aceder ao hardware da sua universidade.

Isto evita

o gargalo do acesso à Internet através de uma ligação por satélite de pequena largura de banda. É também mais conveniente, uma vez que têm acesso ao hardware e podem facilmente alterar as experiências que gostariam de efetuar no hardware, em vez de terem de coordenar com o MIT sempre que precisam de alterar a configuração.

A equipa da ilabs tem-se concentrado muito no desenvolvimento de laboratórios de engenharia eléctrica, o que levou a uma procura de novos equipamentos de laboratório baratos que pudessem ser utilizados para experiências de eletrónica. Percebeu-se que a plataforma NI ELVIS poderia ser utilizada para este fim, uma vez que é acessível, e desde então tem sido instalada nas universidades da Nigéria, Tanzânia e Uganda. A ELVIS é uma plataforma compacta e económica para implementar vários laboratórios de engenharia eléctrica. Cada universidade é encorajada a desenvolver a plataforma ELVIS para responder às necessidades do seu currículo. Os esforços de desenvolvimento são depois partilhados entre as instituições parceiras. Esta abordagem tem incentivado uma forte colaboração entre o MIT e os parceiros africanos para trabalharem em conjunto no desenvolvimento de novas funcionalidades de software e hardware para a plataforma ELVIS. Isto conduziu a muitos intercâmbios de estudantes e pessoal para efeitos de formação e desenvolvimento.

2.3 Antecedentes do iLab na UDSM

Os estudantes da Universidade de Dar es Salaam começaram a utilizar as experiências em linha do MIT pela primeira vez no ano letivo de 2005/2006. Isto foi conseguido após um longo período de falta de laboratórios e equipamento físico adequados, uma vez que a maior parte do currículo de engenharia e ciências na UDSM é constituída por muitos cursos teóricos, como cursos de eletrónica (eletrónica analógica e digital), redes sem fios, radiofrequência, micro-ondas, antenas, radar e comunicações ópticas. Estes cursos são geralmente apoiados por vários ambientes laboratoriais que normalmente são realizados no método tradicional numa base presencial. O percurso do iLab começou após uma visita ao MIT de um grupo de vice-reitores de universidades africanas durante uma visita de estudo sobre administração da investigação apoiada por uma bolsa. Assim que os visitantes viram o iLab, nasceu a ideia de alargar o acesso ao laboratório nas suas próprias instituições. Jesus de Alamo à UDSM em 2004 para divulgar o potencial e o modo de funcionamento do iLab. Seguiu-se um estudo de viabilidade para determinar o potencial do iLab no enriquecimento da experiência educativa dos estudantes universitários e os potenciais problemas que a implementação do iLab em África enfrentaria. O estudo foi efectuado em três universidades de referência: A Universidade Obafemi Awolowo (OAU) da Nigéria, a UDSM da Tanzânia e a Universidade Makerere do Uganda (de Alamo, 2004).

O estudo mostrou que o conceito iLab é muito relevante e pode ser benéfico para as universidades africanas por várias razões. Em primeiro lugar, o material didático que o iLab complementa é amplamente ensinado a muitos estudantes nestas universidades. Estas universidades têm também um corpo docente de nível mundial e estudantes entusiastas que podem adotar e propagar o conceito do iLab. A ideia do iLab também pode ajudar a aliviar a falta de laboratórios e equipamento físico adequados, que privam muitos estudantes africanos de experiência prática no seu currículo de engenharia e ciências.

O estudo observou também que a situação atual em África exige o desenvolvimento de soluções diferentes das utilizadas no MIT para que a implantação do iLab seja eficaz. Alguns dos factores que levaram a esta conclusão incluem o acesso limitado a computadores em rede, graves limitações de largura de banda, cortes de energia e redes locais frágeis nestas instituições.

Como resultado deste estudo, o projeto iLab África foi oficialmente lançado no verão de 2005. Os objectivos do projeto incluíam a implementação do atual iLab do MIT em todo o currículo das universidades africanas, o desenvolvimento de novos laboratórios no âmbito da arquitetura do iLab, a criação de oportunidades de estágios para estudantes e pessoal do MIT e de África e a criação de uma rede de investigação iLab escalável em África (de Alamo, 2004).

2.4 Situação atual do iLab na UDSM

A situação atual do ilab na UDSM tem vindo a melhorar à medida que o tempo passa, uma série de experiências, alojadas na UDSM, foram desenvolvidas com base na Arquitetura Partilhada do iLab e disponibilizadas aos estudantes. Até agora, a Universidade de Dar es Salaam tem cerca de 21 programadores de ilabs, dos quais 12 são estudantes de licenciatura, 5 são estudantes de pós-graduação e 4 são docentes. Ao longo dos últimos anos, a UDSM identificou muitas experiências e também outras foram convertidas de experiências existentes em ilabs e agora já estão alojadas online, por exemplo, o amplificador linear de fase única de emissor comum, que é interativo, como mostra a figura 2.1 abaixo.

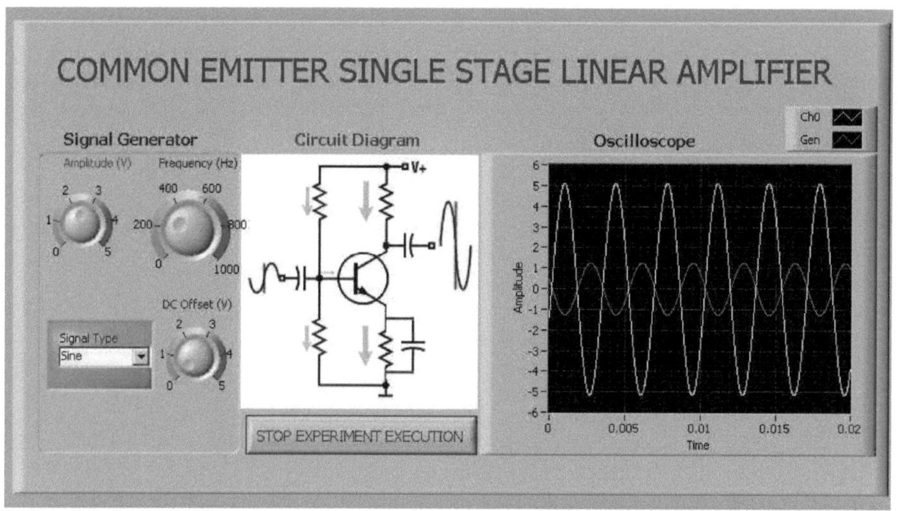

Figura 2.1 : Experiência de um amplificador linear monofásico de emissor comum.

O sinal vermelho apresenta a entrada e o sinal branco a saída que foi amplificada. Para além das experiências interactivas, existem também as experiências em lote, por exemplo, a experiência das caraterísticas do díodo, realizada na UDSM desde 2009. A figura 2.1 mostra o cliente de applet Java com a visualização dos resultados da experiência das caraterísticas do díodo utilizando a arquitetura partilhada iLab, que foi implementada no UDSM desde 2009

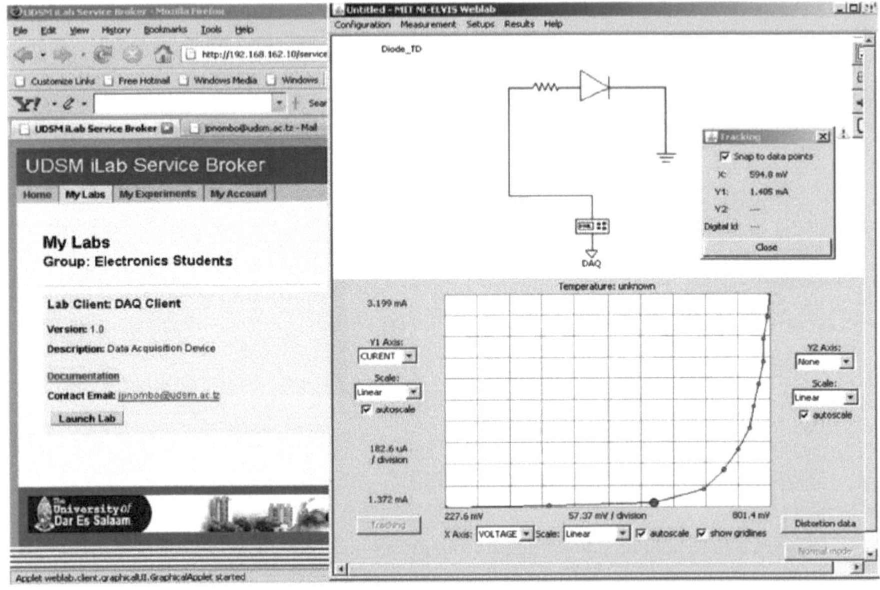

Figura 2.2: O Java Applet Client mostrando uma curva VI para uma experiência de caraterísticas de um díodo (J.P.Nombo,2009)

Existem muitas experiências realizadas até à data na UDSM e alguns trabalhos de pós-graduação anteriores, tais como Expandir as capacidades da arquitetura partilhada NI elvis ilabs através da integração de um analisador de corrente-tensão (B.M.Maiseli,2009),Integração do analisador de bode do NI elvis e implementação de um amplificador acoplado a condensador de fase única com emissor comum e resistência no quadro da arquitetura partilhada do ilab (T.S.Sapula, 2010) e Integração do dispositivo de aquisição de dados de instrumentos nacionais (usb-6009) no quadro do ilab (J.P.Nombo, 2009). Recentemente, quatro estudantes de mestrado estão a trabalhar na implementação de quatro outras experiências, três baseadas no modo interativo e uma no modo Batched: Encaminhamento de dados sísmicos utilizando a plataforma ISA a partir de várias estações de registo sísmico para o centro de análise de dados sísmicos, Integração de um mecanismo de comutação de baixo custo na plataforma NI Elvis ilab, Desenvolvimento e implementação de experiências de comunicação em linha por fibra ótica utilizando a plataforma ISA e Elvis com emona fotex.

O ilab da UDSM conseguiu mostrar que o ilab pode ser aplicado em diferentes domínios para além das experiências electrónicas. Esses novos domínios são a geologia, que é a sismologia, e esta investigação introduziu o ilab na engenharia de processamento químico, que é também um novo domínio.

A UDSM está também a servir de centro de divulgação dos iLabs junto das universidades vizinhas. Em janeiro de 2008, realizou-se um workshop na UDSM para dar a conhecer os iLabs a outras universidades do país. Estiveram presentes mais de 50 participantes de seis instituições. Uma dessas universidades é a Universidade Aberta da Tanzânia. Esta universidade oferece a maior parte dos seus cursos através de ensino à distância e, como tal, é o local ideal para a implementação de laboratórios remotos. A maioria dos estudantes está localizada longe do campus e proporcionar uma forma de aceder a diferentes experiências remotamente através do iLabs forneceria uma componente prática muito necessária aos seus cursos de engenharia.

2.5 NI LabVIEW

O LabVIEW é um software de instrumentação virtual desenvolvido pela National Instruments (NI). É um ambiente de programação no qual os programas são escritos graficamente utilizando a linguagem G. Utiliza ícones em vez de linhas de texto para criar aplicações 10. Os programas são desenvolvidos arrastando blocos para um painel frontal ou um diagrama de blocos e ligando os vários blocos no diagrama de blocos. O fluxo de dados no diagrama de blocos de cada VI desenvolvido determina a execução do programa (do VI). Os VIs criados pelo LabVIEW são úteis para teste e medição, aquisição de dados (DAQ), controlo de instrumentos, registo de dados, análise de medições e geração de relatórios. Cada VI inclui um painel frontal e um diagrama de blocos. O painel frontal é a interface do utilizador. O diagrama de blocos contém a representação gráfica das funções que controlam os objectos do painel frontal. O LabVIEW tem uma caraterística chamada Remote Panels (painéis remotos) e utiliza-a juntamente com o servidor Web do LabVIEW para possibilitar o acesso e o controlo de um instrumento virtual (VI) do LabVIEW através da Internet. O utilizador que pretende aceder e controlar o VI só precisa de ter o motor LabVIEW Runtime necessário instalado no seu computador.

O LabVIEW foi escolhido para ser utilizado na criação do cliente de laboratório. O LabVIEW é um ambiente de programação gráfica e, por conseguinte, o painel frontal do VI LabVIEW desenvolvido serve de GUI com o qual o utilizador interage e o diagrama de blocos do VI serve de motor de experiências que analisa e executa os dados introduzidos pelo utilizador. A principal vantagem do LabVIEW no que diz respeito a este projeto é o seu amplo suporte para aceder ao hardware de instrumentação. Estão disponíveis controladores e camadas de abstração para muitos tipos diferentes de instrumentos, que são apresentados como nós gráficos. Esta camada de abstração apresenta uma interface de software padrão para comunicar com uma vasta gama de dispositivos de hardware. As interfaces de driver fornecidas também economizam tempo de desenvolvimento de programas. Devido à sua flexibilidade, natureza modular e facilidade de programação, o LabVIEW tornou-se uma linguagem de eleição para utilização em laboratório nas melhores universidades do mundo (NI, 2011). A plataforma ELVIS é fornecida com instrumentos virtuais de software baseados no LabVIEW, que podem ser modificados utilizando a interface de programação de aplicações LabVIEW para criar instrumentos personalizados e construir exercícios laboratoriais elaborados para satisfazer as necessidades dos formadores. O código-fonte de todos os instrumentos virtuais ELVIS incluídos está à disposição dos programadores para eventuais modificações e extensões.

Os instrumentos de software incluídos na plataforma ELVIS podem ser categorizados em dois: o primeiro é o de fontes de sinal: Gerador de funções, fontes de alimentação variáveis, gerador de forma de onda arbitrária e gravador digital. O segundo é o analisador de sinais:

Osciloscópio, analisador de sinais dinâmicos, multímetro digital, analisador de Bode e analisadores de corrente e tensão.

2.6 O dispositivo de aquisição de dados da National Instrument (NI USB- 6211)

O sistema DAQ típico que inclui sensores, o NI USB 6211, software de programação, cabos e PC que deve instalar o labVIEW. A figura abaixo mostra um sistema DAQ típico.

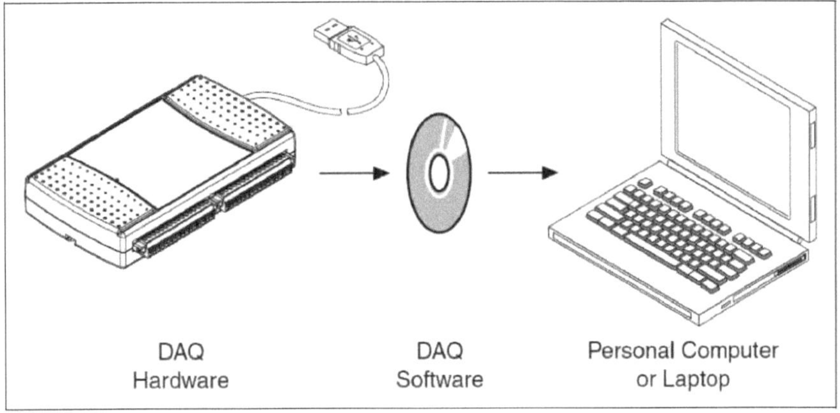

Figura 2.3: Sistemas DAQ típicos (NI, 2009).

A figura abaixo mostra também o circuito analógico de entrada para o NI USB 6211, que é utilizado para introduzir sinais analógicos de sensores.

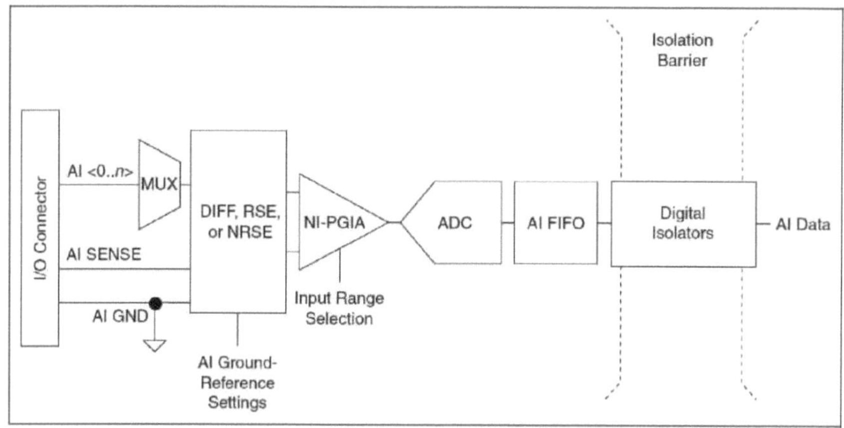

Figura 2.4: Circuito de entrada analógica do NI USB 6211 (NI, 2009).

Os principais componentes do circuito de entrada analógica do USB 6211 são os seguintes: **Conector de E/S** - É aqui que o sinal de entrada analógica é ligado ao dispositivo NI USB 6211.

MUX - Cada NI USB 6211 tem um conversor analógico-digital (ADC). Os multiplexadores (MUX) encaminham um canal de IA de cada vez para o ADC através do NPGA. **Amplificador Instrumental (NI-PGIA)** - O amplificador de ganho programável NI é um amplificador de medição e instrumentos que minimiza os tempos de estabilização para todas as gamas de entrada. Também pode amplificar ou atenuar um sinal IA para garantir que utiliza a resolução máxima do ADC.

Conversor A/D - O conversor analógico-digital (ADC) digitaliza o sinal AI convertendo a tensão analógica em número digital.

AI FIFO - O NI USB 6211 pode efetuar conversões A/D simples e múltiplas de um número fixo ou infinito de amostras. Um grande buffer primeiro a entrar, primeiro a sair (FIFO) mantém os dados durante a aquisição AI para garantir que não se perdem dados. O NI USB 6211 pode lidar com múltiplas operações de conversão A/D com DMA, interrupções ou E/S programada (NI, 2009).

Com as recentes melhorias na largura de banda e as inovações da National Instruments, o USB evoluiu para um barramento principal de escolha para aplicações de medição e automação. Os dispositivos NI da série M para USB oferecem aquisição de dados de alto desempenho num formato portátil e fácil de usar através de portas USB em computadores portáteis e outras plataformas de computação portáteis. A National Instruments concebeu a nova e inovadora tecnologia de transmissão de sinal da NI, com patente pendente, que permite fluxos de dados bidireccionais sustentados de alta velocidade em USB. A nova tecnologia, combinada com sincronização e isolamento externos avançados, ajuda engenheiros e cientistas a obter aplicações de elevado desempenho em USB. (NI, 2011).

Figura 2.5: Dispositivo de aquisição de dados da National Instrument (USB-6211) (NI, 2011)

Os dispositivos de aquisição de dados multifuncionais (DAQ) alimentados por barramento da série NI M para USB são optimizados para uma precisão superior num formato pequeno. Fornecem um amplificador NI-PGIA 2 integrado concebido para tempos de estabilização rápidos a taxas de varrimento elevadas, garantindo uma precisão de 16 bits mesmo quando medem todos os canais disponíveis à velocidade máxima. (NI, 2011).

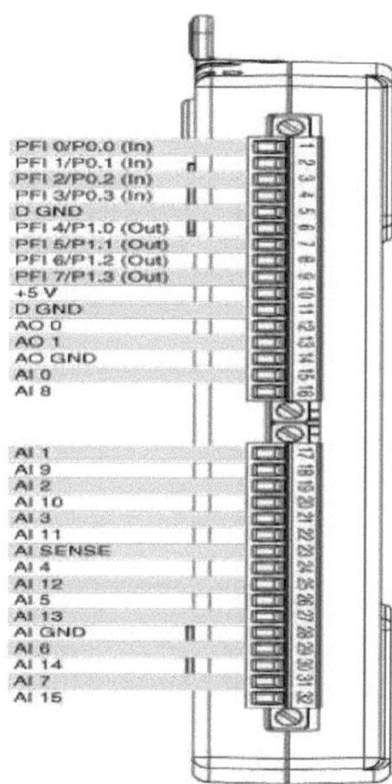

Figura 2.6: Pinagem do NI USB-6211 (NI, 2010).

Todos os dispositivos alimentados por bus têm um mínimo de 16 entradas analógicas, acionamento digital e dois contadores/temporizadores. Os dispositivos USB da série M são ideais para aplicações de teste, controlo e conceção, incluindo registo de dados portátil, monitorização no terreno, OEM incorporado, aquisição de dados no veículo e académico (NI, 2008).

2.7 A arquitetura partilhada do iLab - ISA

O ISA foi desenvolvido pelo Instituto de Tecnologia de Massachusetts (MIT), Cambridge, EUA, para experimentação em linha. Trata-se de uma arquitetura com três níveis. A ideia do ISA é que as experiências em linha sejam classificadas em três partes, como se segue: As experiências em lote são aquelas em que todo o curso da experiência pode ser especificado antes do início da experiência. O laboratório de caraterização de díodos da UDSM é um exemplo. Através do WebLab, os alunos podem caraterizar uma variedade de dispositivos de díodos introduzindo os parâmetros necessários. Isto é conseguido utilizando um editor gráfico para definir parâmetros antes da execução da caraterização do díodo. A execução da experiência tem lugar em tempo de máquina. As experiências interactivas são aquelas em que o utilizador monitoriza e controla um ou mais aspectos da experiência durante a sua execução. As experiências com sensores são aquelas em que os utilizadores monitorizam ou analisam fluxos de dados em tempo real sem influenciar os fenómenos que estão a ser medidos. O mastro de bandeira instrumentado do MIT é um exemplo simples. Cada categoria de experiência requer uma combinação diferente de serviços partilhados. Uma vez que o utilizador especifica completamente uma experiência em lote antes do início da execução da experiência, o utilizador não precisa de estar online quando a experiência é realizada, mas pode recuperar os resultados mais tarde. Isto implica que as experiências em lote devem geralmente ser colocadas em fila de espera para execução de forma a maximizar a utilização eficiente do servidor do laboratório, em vez de serem programadas para maximizar a conveniência do utilizador.

Uma vez que o utilizador pode controlar e alterar pelo menos algumas das entradas de uma experiência interactiva enquanto esta é executada, tem de estar em linha quando a experiência é executada. Se uma experiência demorar mais do que alguns minutos, os alunos e os professores exigirão normalmente que as experiências sejam programadas de modo a que os alunos não percam tempo à espera da sua vez no aparelho.

Uma experiência com sensores requer frequentemente a análise não só de dados em tempo real, mas também de dados de sensores anteriores. Estas experiências com sensores requerem normalmente um arquivo de dados associado que o utilizador pode procurar por eventos de interesse ou utilizar como fonte para estudos estatísticos.

A versão atual do ISA suporta as duas primeiras categorias de experiências, em lote e interactivas.

A infraestrutura é composta por níveis que comunicam entre si através de serviços Web. O protocolo SOAP é o protocolo utilizado pelos serviços Web para desenvolver níveis em qualquer linguagem de programação e implantados em qualquer plataforma. Isto implica que uma camada pode ser configurada num ambiente de programação e num sistema operativo diferentes dos das outras duas camadas, desde que a comunicação que se efectua esteja em conformidade com os iLabs publicados, o que significa que as redes dos campus universitários podem aceder a várias experiências, uma vez que a comunicação se processa através do omnipresente protocolo HTTP.

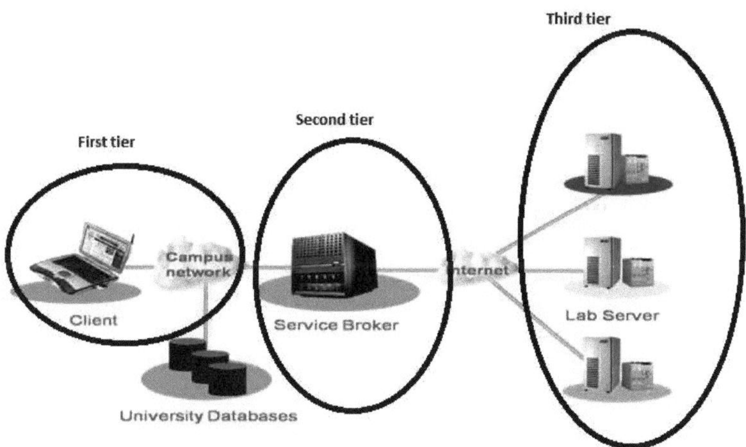

Figura 2.7: Os três níveis de um iLab.

As três camadas de um iLab são apresentadas na Figura 2.7. A primeira camada é o **Lab Client**, que pode ser implementado como um applet Java ou um painel LabVIEW executado no browser do utilizador. O cliente Lab fornece uma interface para o equipamento e hardware do laboratório utilizando uma interface gráfica do utilizador (GUI) através da qual os utilizadores podem submeter experiências e manipular os seus resultados.

O **Service Broker** é o nível intermédio e fornece os serviços genéricos partilhados para todos os iLabs. Os serviços comuns incluem a autenticação e o registo de utilizadores, a autorização de utilizadores e a gestão de credenciais, bem como a especificação de experiências e o armazenamento de resultados.

Finalmente, o terceiro nível inclui o **servidor de laboratório**, onde as experiências especificadas são efectuadas no hardware real do laboratório. Quando uma experiência é concluída com êxito, o Service Broker é notificado pelo Lab Server de que os resultados estão disponíveis para serem recuperados.

2.8 Laboratório interativo no ISA

O cliente de laboratório interativo assume o controlo total do equipamento de laboratório durante um período de tempo relativamente longo; o utilizador deve ter agendado previamente o tempo para utilizar a experiência. O cliente lança o cliente de laboratório como interface para o iLab interativo. Uma vez que o utilizador tem o controlo total do equipamento do laboratório, é fácil para ele submeter parâmetros e comandos de experiências, bem como observar o comportamento dos resultados das experiências. O utilizador pode ajustar os parâmetros ou apresentar novos comandos em tempo real. Todas as interações entre o utilizador e o laboratório são guardadas para formar um registo definitivo da sessão experimental.

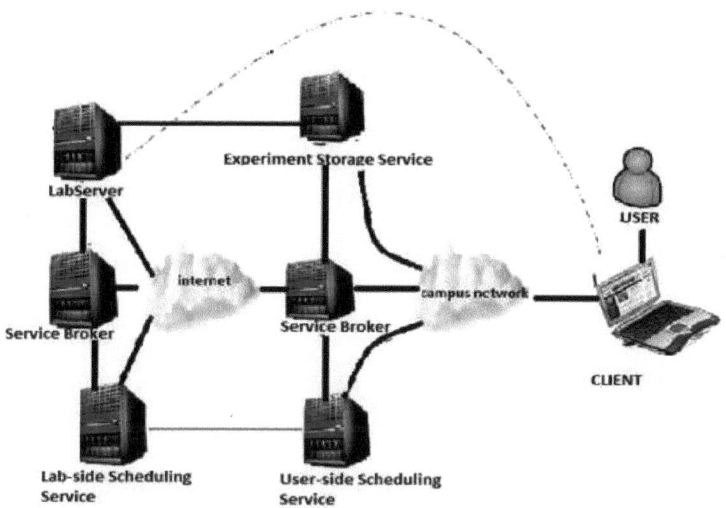

Figura 2.8: Topologia de uma experiência interactiva no ISA.

O lado esquerdo do sistema apresenta o sistema do lado do laboratório, constituído por três blocos: Labserver, Service Broker e Lab Scheduling Service, e o outro lado constitui o lado do cliente. O Service Broker estabelece uma ligação entre o utilizador cliente e o servidor do laboratório, podendo os dois comunicar diretamente. O serviço de agendamento do lado do laboratório permite que o administrador atribua blocos de tempo à experiência e o serviço de agendamento do lado do utilizador concede a um utilizador cliente autorizado uma sessão dentro do bloco de tempo definido. Durante a execução da experiência, o Service Broker já não tem controlo sobre os dados da experiência e, por isso, o tratamento dos dados é feito pelo Experiment Storage Service, um serviço autónomo para armazenamento de dados.

2.9 Destilação

De um modo geral, a destilação significa o processo de separação de misturas líquidas com base nas diferenças dos seus pontos de ebulição. O conceito básico é que podemos separar uma mistura de dois líquidos puros com diferentes pontos de ebulição, aquecendo a mistura a uma temperatura entre os respectivos pontos de ebulição. Por exemplo, a água ferve a 100°C e o etanol ferve a cerca de 83°C à pressão atmosférica. Se aquecermos a mistura a 92°C, o etanol entrará em ebulição e transformar-se-á em vapor (que é recolhido e condensado), enquanto a água permanecerá líquida. Este fenómeno é geralmente quantificado pela volatilidade relativa dos dois componentes (J.Rodreguez, 2005.). Para tornar este processo mais eficaz, é utilizada uma coluna de destilação.

2.9.1 A coluna de destilação

A coluna de destilação propriamente dita é constituída por uma série de pratos empilhados. Uma alimentação líquida contendo a mistura de ambos os líquidos entra na coluna num ou mais pontos. O líquido flui sobre os pratos, e o vapor borbulha através do líquido através de orifícios nos pratos. À medida que o líquido desce na coluna, o vapor entra em contacto com ele várias vezes (devido aos múltiplos pratos). Este é o processo crítico nas colunas de destilação. As fases líquida e de vapor entram em contacto porque, à medida que uma molécula de material com ponto de ebulição mais elevado se converte da fase de vapor para a fase líquida por libertação de energia, outra molécula do material com ponto de ebulição mais baixo utiliza a energia livre para se converter da fase líquida para a fase de vapor.

A base da coluna de destilação contém um grande volume de líquido, que é maioritariamente o líquido com maior ponto de ebulição (no nosso exemplo, seria a água). Da base flui algum deste líquido, parte do qual é aquecido no refervedor e devolvido à coluna. O líquido restante é o produto de fundo, designado por *B*. Algum vapor escapa do topo da coluna e regressa ao estado líquido no condensador. Parte deste líquido é devolvido à coluna como refluxo *L*, e o restante é o produto de topo ou destilado *D* (LDC, 2011).

As fases de vapor e de líquido num determinado prato aproximam-se do equilíbrio térmico, de pressão e de composição, numa medida que depende da eficiência do prato. Um diagrama esquemático de uma coluna de destilação é apresentado de seguida.

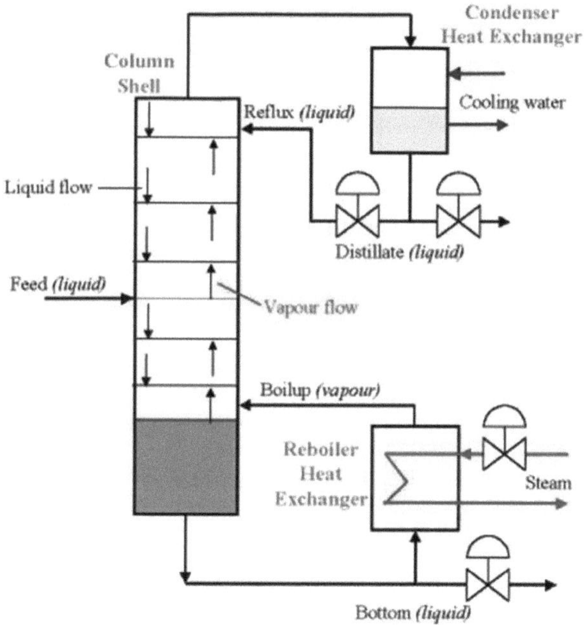

Figura 2.9: Diagrama esquemático de uma coluna de destilação (DCC, 2011).

Abaixo encontra-se a fotografia da coluna de destilação à escala piloto na Universidade de Dar Es Salaam, Tanzânia. Os cascos verticais, os componentes internos da coluna, juntamente com o condensador e o refervedor, constituem uma coluna de destilação.

Figura 2.10: Coluna de destilação no laboratório CPE, UDSM

2.9.2 Coluna de destilação industrial

As aplicações de destilação industrial em grande escala incluem a destilação fraccionada, por vácuo, azeotrópica, extractiva e a vapor, tanto em batelada como contínua. As aplicações industriais mais utilizadas da destilação fraccionada contínua e em estado estacionário são as refinarias de petróleo, as instalações petroquímicas e as instalações de processamento de gás natural.

A destilação industrial é normalmente efectuada em grandes colunas cilíndricas verticais, conhecidas como torres de destilação ou colunas de destilação, com diâmetros que variam entre cerca de 65 centímetros e 16 metros e alturas que variam entre cerca de 6 metros e 90 metros ou mais. Quando a alimentação do processo tem uma composição diversa, como na destilação de petróleo bruto, as saídas de líquido a intervalos ao longo da coluna permitem a retirada de diferentes *fracções* ou produtos com diferentes pontos de ebulição ou gamas de ebulição. Os produtos "mais leves" (os que têm o ponto de ebulição mais baixo) saem do topo da coluna e os produtos "mais pesados" (os que têm o ponto de ebulição mais elevado) saem do fundo da coluna e são frequentemente designados por fundos. A figura abaixo mostra a coluna de destilação industrial (wiki, 2011).

Figura 2.11: Coluna de destilação industrial (Chiesa.L, 2005).

2.9.3 Destilação por batelada e contínua

Na destilação descontínua, um determinado volume de líquido é aquecido e os vapores formados são separados e condensados para formar um produto, sendo que as composições do líquido remanescente no alambique e do vapor recolhido mudam com o tempo. A destilação descontínua é uma operação unitária bem conhecida, amplamente utilizada nas indústrias de química fina, farmacêutica, bioquímica e alimentar para processar pequenas quantidades de materiais com elevado valor acrescentado. O sucesso da destilação por lotes como método de separação deve-se, sem dúvida, à sua flexibilidade operacional. Uma única coluna de destilação por lotes pode separar uma mistura de vários componentes em vários produtos numa única operação; pelo contrário, se a separação fosse efectuada continuamente, seria necessário um conjunto de colunas ou uma operação de várias passagens. Além disso, sempre que misturas completamente diferentes têm de ser processadas diariamente, a versatilidade de uma coluna descontínua é insuperável. Estes atributos são cruciais para responder rapidamente a uma procura de mercado caracterizada por tempos de vida curtos dos produtos e requisitos de especificação rigorosos.

As colunas descontínuas podem ser operadas de três formas diferentes: com uma razão de refluxo constante (com composição variável do destilado), com uma composição constante do destilado (com razão de refluxo variável) e com refluxo total. Pode ser utilizada uma combinação destes três modos básicos para otimizar o desempenho da separação. Qualquer que seja o modo de funcionamento, o funcionamento correto de uma coluna descontínua requer o conhecimento das composições dos produtos durante toda a duração do lote. Embora a composição do produto possa ser medida em linha, sabe-se que os analisadores em linha são equipamentos complexos, dispendiosos e de difícil manutenção; implicam também atrasos significativos na medição, o que pode ser prejudicial do ponto de vista do controlo (Eliana et, al. 2003)

Por conseguinte, para contornar estas desvantagens, é possível estimar a composição do produto em linha, em vez de a medir. A utilização de tais estimadores de composição inferencial (ou sensores de software) tem sido sugerida há muito tempo para auxiliar a monitorização e o controlo de colunas de destilação contínua (Eliana et, al. 2003).

Na maior parte dos processos químicos, as medidas das variáveis-chave utilizadas para a realização da qualidade do produto final (por exemplo, composição de topo) são dispendiosas e envolvem tempos de amostragem elevados durante as análises. Este tipo de problema pode ser resolvido através da ligação entre variáveis de fácil medição em linha e as variáveis primárias desejadas (Conz et al, 2009).

Ansari et al (2007) efectuaram uma abordagem inovadora à modelação inferencial da unidade de destilação em bruto, utilizando a temperatura para determinar a concentração final do produto. No entanto, as colunas de destilação contínua são utilizadas na maioria das aplicações industriais de destilação. A vantagem é que se pode obter uma pureza constante do destilado, desde que os outros parâmetros de controlo, como o caudal de alimentação e a composição, o refluxo e o fornecimento de calor, também se mantenham constantes.

2.9.4 Configuração de controlo da coluna de destilação

O principal objetivo da interface com o computador numa coluna de destilação é manter as variáveis de controlo, a composição do topo e do fundo, num determinado ponto desejado.

A pressão da coluna, os níveis do acumulador e da caldeira de reaquecimento são as variáveis de controlo auxiliares para atingir a concentração de produto desejada e para assegurar operações estáveis. Geralmente, a escolha da estrutura de controlo é a decisão mais importante na conceção de um sistema de controlo. Uma vez especificadas as variáveis de controlo, a escolha das variáveis manipuladas determina a estrutura de controlo final.

Existem várias configurações que podem ser utilizadas para manipular a composição de topo ou de fundo e o nível da caldeira de reação. Em condições de estado estacionário, o caudal de refluxo (L) e a taxa de ebulição do vapor (D) podem ser utilizados para alterar as composições de topo e de fundo. Na estrutura V/D, L/B, a razão entre o refluxo (L) e o caudal de destilado (D) pode ser utilizada para determinar a composição do produto de topo. A razão entre a ebulição do vapor (V) e o caudal de fundo (B), (V/B) pode ser utilizada para determinar a concentração do produto de fundo. O quadro 2.1 abaixo apresenta a descrição das diferentes variáveis de controlo na coluna de destilação.

Variáveis de entrada	**Variáveis de saída**
Caudal de destilado *D*	Nível do condensador
Caudal inferior do produto *B*	Nível da rebobinadora
Caudal de refluxo *L*	Composição do destilado

O fluxo de vapor que afecta a temperatura de *V*	Composição do produto inferior

A Tabela 2:1 mostra a descrição das diferentes variáveis de controlo na coluna de destilação.

2.9.4.1 Configuração do LV

Configuração *LV*, em que o caudal de refluxo *L* é utilizado para controlar a composição do produto de topo e a temperatura de ebulição *V* é utilizada para controlar a composição do produto de fundo. Neste caso, o caudal de destilado *D* e o caudal de produto de fundo *B* são utilizados para controlar os níveis do condensador e da caldeira de expansão, respetivamente

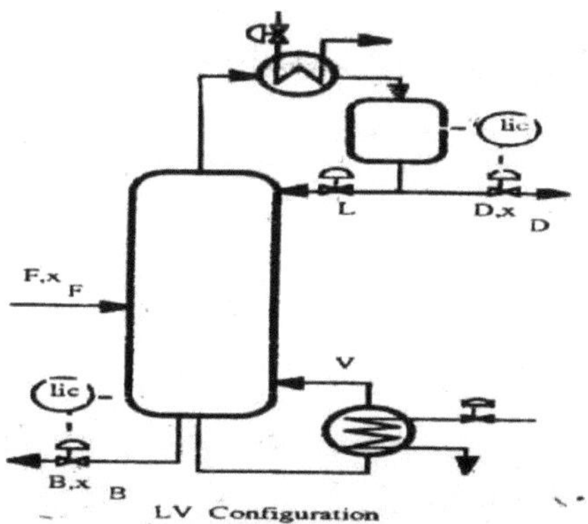

Figura 2.12: Configuração de BT

O nome da configuração acima referida provém das variáveis independentes utilizadas para manipular as composições superior e inferior.

No entanto, a configuração mais preferida é a estrutura LV devido à sua capacidade de rejeição de perturbações. As estruturas LV e (L/D) / (V/B) são muito sensíveis a perturbações nas taxas de refluxo e de subida da caldeira, mas as estruturas DV tendem a propagá-las (Dr. E Elisante, 1992).

2.10 Sensor de temperatura

Um sensor é um dispositivo que mede uma quantidade física e a converte num sinal que pode ser lido por um observador ou por um instrumento. Por exemplo, o mercúrio converte a temperatura medida em expansão e contração de um líquido que pode ser lido num tubo de vidro calibrado. Um termopar converte a temperatura numa tensão de saída que pode ser lida por um voltímetro. Para garantir a exatidão, a maioria dos sensores é calibrada com base em padrões conhecidos.

2.10.1 Termopar tipo K

Os termopares são os sensores de temperatura mais populares. São baratos, intermutáveis, têm conectores normalizados e podem medir uma vasta gama de temperaturas. A principal limitação é a exatidão, podendo ser difícil obter erros de sistema inferiores a 1°C.

2.10.2 Como funcionam

Um termopar de tipo K é o mais popular e utiliza ligas de níquel-crómio e níquel-alumínio para gerar tensão. As tabelas padrão mostram a tensão produzida pelos termopares a uma dada temperatura, pelo que o termopar tipo K a 300°C produzirá 12,2mV. Infelizmente, não é possível ligar simplesmente um voltímetro ao termopar para medir esta tensão, porque a ligação dos cabos do voltímetro criará uma segunda junção indesejável do termopar.

2.10.3 Compensação de junção a frio (CJC)

Para efetuar medições precisas, isto deve ser compensado utilizando uma técnica conhecida como compensação de junção fria (CJC). Caso esteja a perguntar-se porque é que a ligação de um voltímetro a um termopar não faz várias junções de termopar adicionais (cabos de ligação ao termopar, cabos de ligação ao medidor, dentro do medidor, etc.), a lei dos metais intermédios afirma que um terceiro metal, inserido entre os dois metais diferentes de uma junção de termopar, não terá qualquer efeito desde que as duas junções estejam à mesma temperatura. Esta lei é também importante na construção de junções de termopares. Normalmente, a temperatura da junção fria é detectada por um termistor de precisão em bom contacto térmico com os conectores de entrada do instrumento de medição. Combinando o sinal deste semicondutor com o sinal do termopar, a leitura correta pode ser obtida sem a necessidade ou despesa de registar duas temperaturas. É importante compreender a compensação da junção fria; qualquer erro na medição da temperatura da junção fria conduzirá ao mesmo erro na temperatura medida a partir da ponta do termopar.

2.10.4Linearização

Para além de lidar com o CJC, o instrumento de medição deve também ter em conta o facto de a saída do termopar não ser linear. A relação entre a temperatura e a tensão de saída é uma equação polinomial complexa que depende do tipo de termopar. Os métodos analógicos de linearização são utilizados em medidores de termopares de baixo custo. Os instrumentos de alta precisão armazenam tabelas de termopares na memória do computador para eliminar esta fonte de erro.

2.10.5 Seleção de termopares

Os termopares estão disponíveis como termopares de fio nu, que oferecem baixo custo e tempos de resposta rápidos, ou incorporados em sondas. Está disponível uma grande variedade de sondas, adequadas a diferentes aplicações de medição (industrial, científica, temperatura alimentar, investigação médica, etc.). Uma palavra de aviso: ao selecionar sondas, certifique-se de que têm o tipo correto de conetor. Os dois tipos de conectores mais comuns são os "standard" com pinos redondos e os "miniatura" com pinos planos, o que causa alguma confusão, uma vez que os conectores "miniatura" são mais populares do que os "standard". Ao escolher um termopar, deve ter-se em consideração o tipo de termopar, o isolamento e a construção da sonda. Todos estes factores terão um efeito sobre a gama de temperaturas mensuráveis, a precisão e a fiabilidade das leituras. Segue-se um guia subjetivo dos tipos de termopares. Ao selecionar os tipos de termopares, certifique-se de que o seu equipamento de medição não limita a gama de temperaturas que podem ser medidas. Note-se que os termopares com baixa sensibilidade (B, R e S) têm uma resolução correspondentemente mais baixa. A tabela 2.2 abaixo resume os limites úteis de funcionamento para os vários tipos de termopares, que são descritos em mais pormenor nos parágrafos seguintes.

Tipo de termopar	Gama global (°C)	0,1°C Resolução	0,025°C Resolução
B	**100 - 1800**	**1030 - 01800**	-
E	**-270 - 790**	**-240 - 790**	**-140 - 790**
J	**-210 - 1050**	**-210 - 1050**	**-120 - 1050**
K	**-270 - 1370**	**-220 - 1370**	**-20 - 1150**
N	**-260 - 1300**	**-210 - 1300**	**340 - 1260**
R	**-50 - 1750**	**330 - 1760**	-
S	**-50 - 1760**	**250 - 1760**	-
T	**-270 - 400**	**-230 - 400**	**-20 - 400**

Tabela 2:2 Gama de temperaturas para cada tipo de termopar.

2.10.7 Tipo K (Cromel / Alumel)

O tipo K é o termopar de "uso geral". É de baixo custo e, devido à sua popularidade, está disponível numa grande variedade de sondas. Os termopares estão disponíveis na gama de -200°C a +1200°C. A sensibilidade é de aproximadamente 41uV/°C. Utilize o tipo K, exceto se tiver uma boa razão para não o fazer.

2.11 Conclusão

A revisão da literatura acima referida foi o primeiro passo para a realização desta investigação; a revisão foi feita sobre o seguinte, tal como apresentado acima: história dos ilabs em geral e em África, antecedentes dos ilabs na UDSM, NI labVIEW, NI USB 6211. O capítulo também abordou a coluna de destilação em geral e o sensor de temperatura, especialmente os termopares.

O capítulo seguinte apresenta em pormenor os métodos e processos adoptados durante a conceção e a implementação da coluna de destilação de líquidos acessível através da Web.

CAPÍTULO 3: CONCEPÇÃO E APLICAÇÃO

3.1 Introdução

Este capítulo analisa em pormenor os métodos e o processo adoptados durante a conceção e a implementação da coluna de destilação de líquidos acessível via Web através do ISA. Analisa também os métodos, as ferramentas e os processos utilizados durante a integração da coluna de destilação na estrutura do iLab. Descreve igualmente o modelo concetual ou diagrama de blocos e a configuração do sistema concebido em função das alterações ou adições efectuadas no ISA, tais como a adição do NI USB 6211 e da própria coluna de destilação.

3.2 Ferramentas

O principal objetivo durante a conceção e implementação da coluna de destilação de líquidos acessível através da Web foi a integração da coluna de destilação na estrutura de trabalho do iLab, pelo que, para tornar possível a interação com base na Arquitetura Partilhada Interactiva, foi necessário um certo número de software e hardware. Por conseguinte, o software e o hardware necessários foram agrupados em dois lados, o lado do cliente e o lado do laboratório, sendo as suas especificações apresentadas na tabela 3.1 e na tabela 3.2, respetivamente.

	Software	Hardware
Cliente	Navegador Web, como o Internet Explorer, o Mozilla Firefox e o Google Chrome.	
Corretor de serviços	Microsoft Windows Server 2003 Standard Edition Service Pack 2.	Hewlett Packard (HP) Compaq Intel ® Pentium (R) 4 CPU

	SQL Server 2000 Developer Edition Service Park 3.	3.20GHz, 504MB de RAM, 80GB de espaço no disco rígido
	Visual Studio 2003	
	IIS e NET 2.0 Framework	

Tabela 3:1 Especificações do lado do cliente

	Software	Hardware
Servidor de laboratório	Microsoft Windows Server 2003 Standard Edition Service Pack 2	Hewlett Packard (HP) Compaq Intel ® Pentium ® 4 CPU 3.20GHz, 504MB de RAM, 80GB de espaço no disco rígido.
	SQL Server 2000 Developer Edition Service Park 3	
	Visual Studio 2003	
	LabVIEW 2009	
Dispositivo de aquisição de dados	Drivers NI USB-6211.	DAQ NI USB-6211
Planta		Coluna de destilação e termopar tipo K

Tabela 3:2 Especificações do lado do laboratório

3.3 Diagrama concetual do sistema

A conceção e a implementação desta investigação foram construídas a partir do diagrama de fluxo abaixo, que mostra o conceito do sistema concebido. O diagrama tem uma coluna de destilação que é ligada ao NI DAQ utilizando termopares e, em seguida, o NI DAQ é configurado no servidor de laboratório para possibilitar a interação entre a coluna de destilação e o servidor de laboratório. Em seguida, a coluna de destilação pode ser acedida através da rede local ou da rede do campus com a ajuda de um IP estático, pelo que um cliente pode aceder ao sistema em qualquer parte do campus através da rede do campus. Também através do IP/TCP, o sistema pode ser acedido por um cliente em qualquer parte do mundo através da Internet.

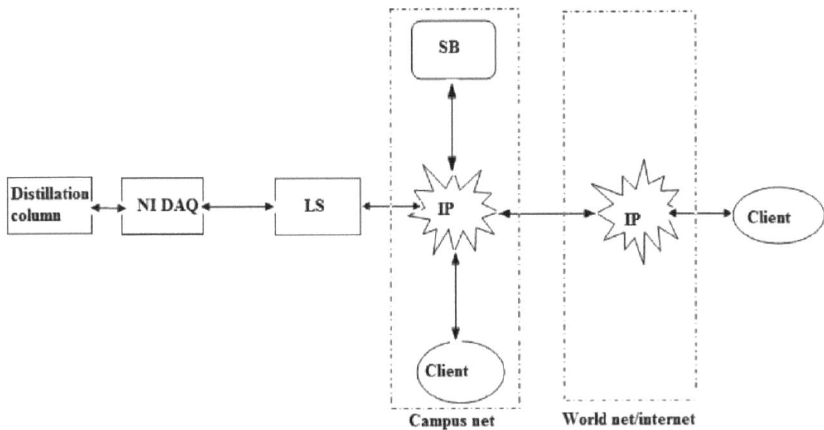

Figura 3.1: Diagrama concetual do sistema.

3.4 Interação entre o labserver e a coluna de destilação

A interação entre o labserver e a coluna de destilação foi feita a partir de dois mecanismos importantes que são a conceção do mecanismo de controlo da monitorização da temperatura e o mecanismo de controlo da operação de refluxo. Após a conceção e implementação separadas do controlo da temperatura e do refluxo, os dois mecanismos foram combinados para formar o sistema atual que, tecnicamente, permite a interação entre o labserver e a coluna de destilação. O labserver é o centro de tudo, uma vez que é onde ambos os mecanismos começam, de facto, a conceção e a implementação do sistema começam a partir do labserver.

3.4.1 Servidor de laboratório

O labserver é a parte muito importante do ISA onde o NI USB 6211 está ligado; desempenha também um papel importante na criação e execução de experiências. No labserver, foi instalado o software do controlador que interage diretamente com o NI

USB 6211. O dispositivo de aquisição de dados da National Instrument (NI USB-6211) fornece uma funcionalidade básica de aquisição de dados para aplicações como o registo simples de dados, medições portáteis e experiências em laboratórios académicos. O DAQ NI USB 6211 foi escolhido devido à sua capacidade de aquisição de sinais analógicos e também de geração de sinais. O DAQ contém entradas analógicas onde os sensores de temperatura foram ligados de modo a adquirir diretamente a temperatura, tendo sido inseridos em diferentes pontos da coluna de destilação com o objetivo de monitorizar a temperatura. Também gera um sinal que é utilizado para controlar o fecho/abertura do fluxo de refluxo através de um interrutor de relé.

3.4.1.1 Mecanismo de monitorização e controlo da temperatura

A monitorização e o controlo da temperatura envolveram a configuração do hardware e do software, sendo o DAQ ligado com termopares à coluna de destilação e configurado utilizando o software labVIEW no servidor de laboratório. Os termopares adquirem um sinal analógico em graus centígrados de temperatura e, em seguida, emitem um sinal sob a forma de tensão e, depois, no DAQ, o sinal é condicionado e está pronto a ser convertido em número digital para apresentação dos valores de temperatura. O diagrama abaixo mostra as principais caraterísticas do labVIEW e a forma como estão interligadas para a aquisição de temperatura. O VI para a assistência DAQ fornece configurações para a interface entre o termopar e o NI USB 6211. Outro VI é para o ficheiro de medição, normalmente utilizado para recolher todos os dados de temperatura adquiridos e armazená-los.

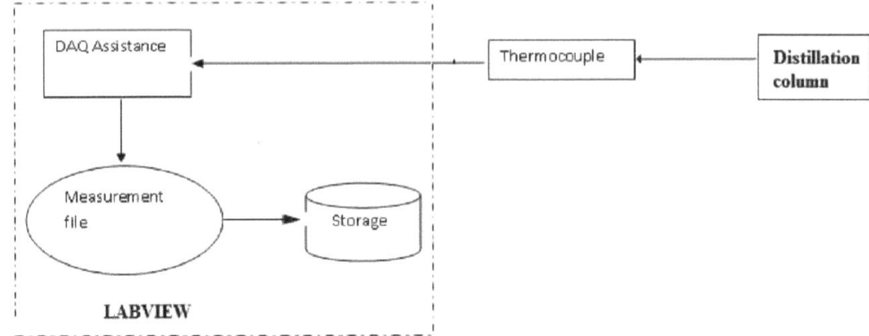

Figura 3.2: Diagrama de fluxo LabVIEW para controlo da temperatura.

Assim, após a criação do VI, o utilizador será capaz de ler e monitorizar a temperatura de vários pontos da coluna de destilação. Além disso, os dados relativos às temperaturas serão armazenados para posterior processamento.

3.4.1.2 Mecanismo de controlo do funcionamento do refluxo

O mecanismo de controlo do funcionamento do refluxo deu ao sistema a capacidade de controlar o fluxo de refluxo para efeitos de arrefecimento, pelo que, através do controlo do refluxo, a bomba de refluxo pôde ser ligada/desligada de acordo com a temperatura de referência. A temperatura de referência é a temperatura de funcionamento do produto final desejável e, por conseguinte, é a temperatura a que o líquido necessário é extraído. Neste caso, o DAQ é configurado de forma a que, depois de o termopar detetar uma temperatura no intervalo de uma temperatura de referência, gere uma tensão CC no intervalo de -10 V a +10 V, que é utilizada para acionar o interrutor do relé e, em seguida, ligar a bomba de refluxo para bombear o refluxo para arrefecimento. A entrada necessária para o funcionamento do relé é de 10 V CC, pelo que a tensão gerada pelo NI USB 6211 teve de ser amplificada antes de ser ligada ao relé. O circuito do relé foi concebido separadamente e testado. A figura seguinte mostra o circuito do relé concebido para ligar/desligar a bomba de refluxo.

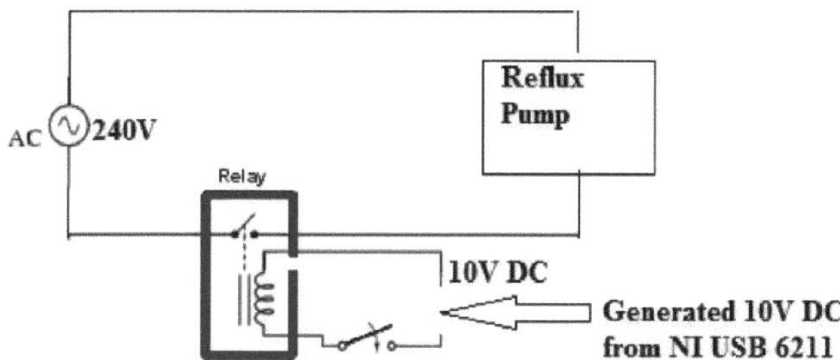

Figura 3.3: Circuito de relé para controlo do funcionamento do refluxo.

Geralmente, o mecanismo de controlo da operação de refluxo é construído a partir do interrutor de relé, da bomba de refluxo, da coluna de destilação e do termopar como um sistema de feedback. A figura seguinte mostra o mecanismo de controlo do refluxo.

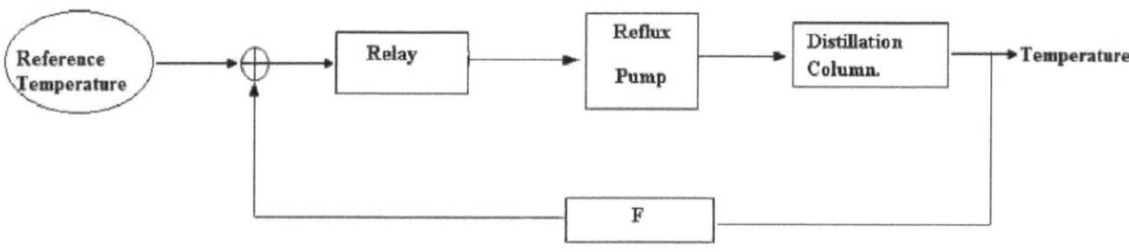

Figura 3.4: Mecanismo de controlo do refluxo.

A partir do diagrama acima;

Temperatura de referência: Refere-se à temperatura de funcionamento desejável do produto final do líquido extraído.

Comparador: Compara a temperatura de saída com a temperatura desejada, mas isto é normalmente efectuado pelo labVIEW após a criação do VI.

Interruptor de relé: Utilizado para ligar/desligar a bomba de refluxo, também pode ser designado por atuador.

F-feedback: Os termopares lêem a temperatura da coluna e realimentam-na na entrada para comparação com a saída.

3.4.1.3 Aplicação efectiva do sistema

A implementação real do sistema combina os dois mecanismos: o mecanismo de controlo da monitorização da temperatura e o mecanismo de controlo da operação de refluxo. A figura abaixo dá uma imagem clara da interação entre o servidor de laboratório e a coluna de destilação. Na parte esquerda está o labVIEW instalado no servidor de laboratório para fazer a interface de comunicação entre o servidor de laboratório e o DAQ NI USB 6211. O DAQ pode funcionar de ambas as formas, ou seja, pode adquirir sinais analógicos, que são a temperatura da coluna de destilação e a tensão gerada para o controlo do refluxo, respetivamente. A partir do diagrama, existem dois assistentes DAQ, um para a aquisição do sinal e outro para a geração do sinal, a temperatura de referência é uma temperatura desejável para o produto final, em que o sistema deve responder para que o líquido seja extraído, e também existe um ficheiro conhecido como "write to measurement file", que é utilizado como um caminho para armazenar os dados de temperatura registados. O próprio DAQ NI USB 6211 recebe a tensão dos termopares, que é um sinal analógico, e depois converte-a em digital para apresentar os números e armazená-la como dados. Em seguida, quando a temperatura requerida é atingida, o DAQ NI USB 6211 emite a tensão CC para acionar o relé, de modo a ligar/desligar a bomba de refluxo para que a operação de refluxo tenha lugar. Todo o processo será explicado e mostrado claramente na parte de programação do labVIEW 3.7, que foi utilizada para criar o VI principal do sistema.

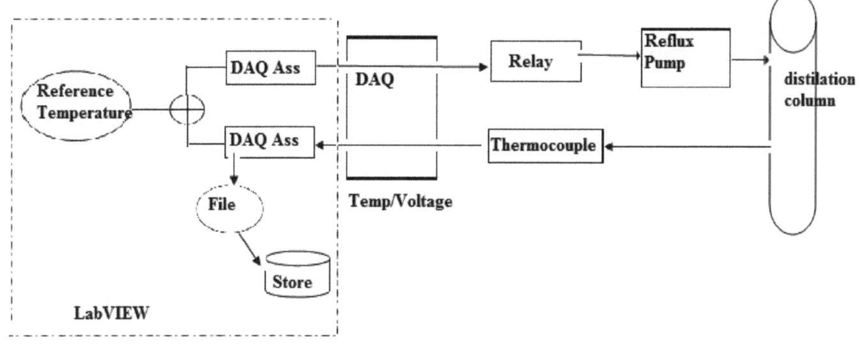

Figura 3.5: Implementação efectiva do sistema.

3.5 Acessibilidade em linha do sistema

A pós a interação bem sucedida do servidor de laboratório e da coluna de destilação, o passo seguinte foi tornar o sistema acessível através da Web, pelo que esta secção descreve como o sistema se tornou acessível através da Internet. De um modo geral, explica-se o software utilizado e a razão da sua utilização, a instalação dos softwares explicados será apresentada nos anexos.

3.6.1 Sistema operativo (SO)

O sistema operativo utilizado é o Windows Server 2003, que foi escolhido devido à sua capacidade de atuar como servidor de aplicações e de executar funções orientadas para o servidor, gestão de servidores, capacidade de acolher filas de massagem, autenticar utilizadores, servir streaming media, partilhar ficheiros e suportar o IIS.

3.6.2 Servidor de base de dados

O SQL Server 2005 é utilizado como servidor de base de dados devido ao facto de ser o sistema de base de dados relacional de elevado desempenho com um ambiente de desenvolvimento rico que se adequa ao objetivo.

3.6.3 Ambiente de desenvolvimento

O Microsoft Visual Studio é um ambiente de desenvolvimento integrado da Microsoft, pelo que funciona bem com o Windows Server 2003. Abrange funções como o desenvolvimento de aplicações de consola e de interface gráfica do utilizador, juntamente com aplicações Windows Forms, aplicações Web, sítios Web e serviços Web para as plataformas suportadas pelo .NET Framework. O Visual Studio inclui um editor de código, um depurador, um designer de formulários para a criação de aplicações GUI e um designer Web. Será utilizado o MS Visual Studio 2003.

3.6.4 Linguagem de programação

O LabVIEW é um ambiente de programação gráfica utilizado por milhões de engenheiros e cientistas para desenvolver sistemas sofisticados de medição, teste e controlo, utilizando ícones gráficos intuitivos e fios que se assemelham a um fluxograma. O LabVIEW foi escolhido porque oferece uma integração inigualável com milhares de dispositivos de hardware e fornece centenas de bibliotecas incorporadas para análise avançada e visualização de dados. A plataforma LabVIEW é escalável em vários alvos e sistemas operativos e permite uma programação e desenvolvimento mais rápidos.

A programação gráfica permite a funcionalidade de arrastar e largar com blocos de funções gráficas em vez de escrever linhas de texto. A funcionalidade de representação do fluxo de dados permite que os programadores desenvolvam, mantenham e compreendam facilmente o código com uma representação intuitiva do fluxograma. Além disso, as suas normas de comunicação permitem-lhe ligar-se a qualquer instrumento ou sensor com bibliotecas incorporadas e milhares de controladores de instrumentos. O hardware plug-and-play permite a integração perfeita de dispositivos NI para USB, PCI, PXI, Wi-Fi, Ethernet, GPIB e muito mais.

3.6.5 Condutores

Drivers para DAQ instalados para permitir a acessibilidade do NI USB 6211 de modo a possibilitar a aquisição de temperatura através do termopar ligado.

3.6.6 Interface de comunicação

Para qualquer sistema em linha, a interface de comunicação é muito importante para que o cliente possa interagir com o sistema. Foram utilizadas as seguintes aplicações para criar a interface de comunicação com o cliente

3.6.6.1 Navegador Web

O sistema é basicamente um sistema em linha baseado na plataforma Windows, pelo que os programas de navegação mais eficazes utilizados foram o Internet Explorer, o Mozilla Firefox e o Google Chrome.

3.6.6.2 Interfaces de programas de aplicação

O DataSocket para LabVIEW suporta a troca de dados em tempo real entre diferentes aplicações num computador ou entre computadores ligados através de uma rede. Liga dados de várias fontes, como o servidor Web, e especifica a localização dos dados através da utilização do URL. O protocolo de transferência de socket de dados liga a aplicação de socket de dados ao servidor de socket de dados.

3.6.6.3 Conceção da interface do utilizador

O utilizador interage com o sistema através de uma página Web. A página tem uma disposição para registo, autenticação e autorização do utilizador. Tem ligações para a documentação que guia o utilizador através das experiências pertinentes.

3.7 Programação LabVIEW

O programa LabVIEW foi instalado no servidor de laboratório de modo a aceder aos controladores utilizados para controlar o dispositivo de aquisição de dados. O desenvolvimento foi feito utilizando o LabVIEW 2009, que é semelhante a qualquer linguagem de programação gráfica, exceto pelo facto de utilizar componentes gráficos de arrastar e largar que são ligados através de fios virtuais para formar um programa. Também possui tipos de dados primitivos incorporados que também são representados graficamente e fornece uma biblioteca rica de instrumentos virtuais (VIs) que podem ser usados para formar programas mais complexos. Estes VIs são semelhantes às chamadas de funções ou procedimentos nas linguagens de programação convencionais. O VI foi desenvolvido propositadamente para controlar o NI DAQ que foi utilizado no controlo da temperatura e do refluxo da coluna de destilação. Este VI é composto por seis assistentes DAQ, cinco escrevem para ficheiros de medida e tomadas de dados. Cinco assistentes DAQ foram utilizados para adquirir as temperaturas dos cinco pontos ao longo da coluna de destilação, identificados de T1 a T5, as cinco portas USB 6211 do NI foram configuradas e ligadas com termopares e depois inseridas na coluna de destilação. O restante assistente DAQ foi utilizado para gerar sinais que foram utilizados para acionar o interrutor de relé de modo a abrir e fechar a válvula para o fluxo de refluxo. A figura 4.1 abaixo mostra o assistente DAQ com todas as caraterísticas importantes, incluindo entradas e saídas.

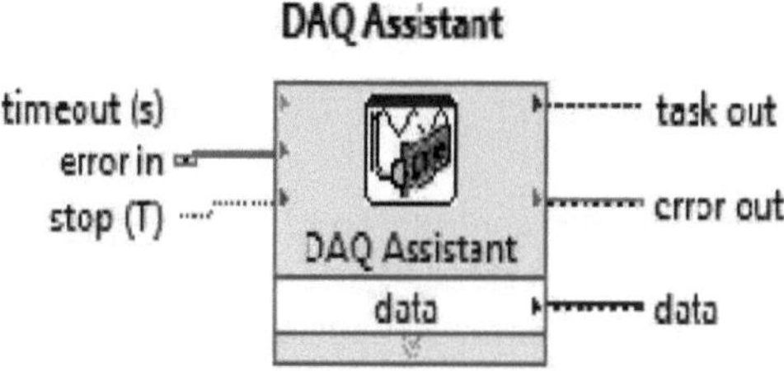

Figura 3.6: Assistente DAQ com partes de entrada e saída.

Como já foi referido, existem cinco ficheiros de escrita para medição, cuja entrada está diretamente ligada à saída do assistente DAQ para armazenamento de dados. O número de ficheiros de escrita para medição é cinco, porque cada um foi ligado aos cinco assistentes DAQ para armazenamento de dados. A figura 4.2 abaixo mostra o ficheiro de escrita para medição, incluindo as suas caraterísticas.

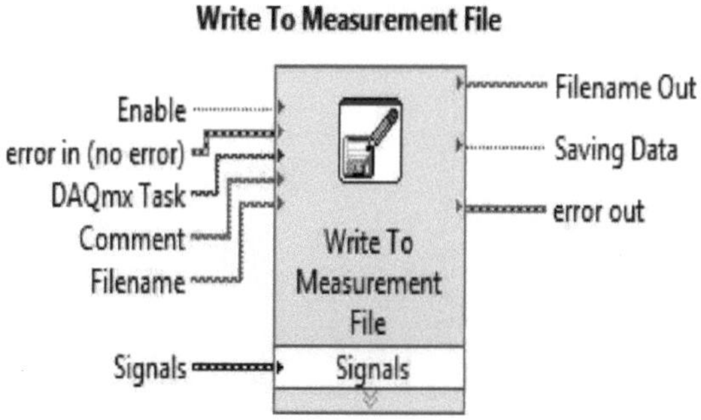

Write To Measurement File
Enable
error in (no error)
DAQmx Task
Comment
Filename
Signals
Write To Measurement File
Signals
Filename Out
Saving Data
error out

Figura 3.7: Ficheiro de medições com partes de entrada e de saída.

Outra caraterística importante de um VI criado foi a tomada de dados, que no LabVIEW simplifica a troca de dados entre diferentes aplicações num computador ou entre computadores numa rede. Normalmente, a tomada de dados na transferência de dados em tempo real utiliza o protocolo IP/TCP, o que é adequado para esta investigação, que é baseada na Web. Além disso, o DataSocket possui conetividade entre aplicações, tipos de dados ricos e segurança para facilitar a partilha de dados. A figura 4.3 ilustra o diagrama de blocos do **VI_for_Temper.vi**, concebido para a monitorização da temperatura e o controlo do refluxo da coluna de destilação ou da coluna de destilação líquida acessível através da Web.

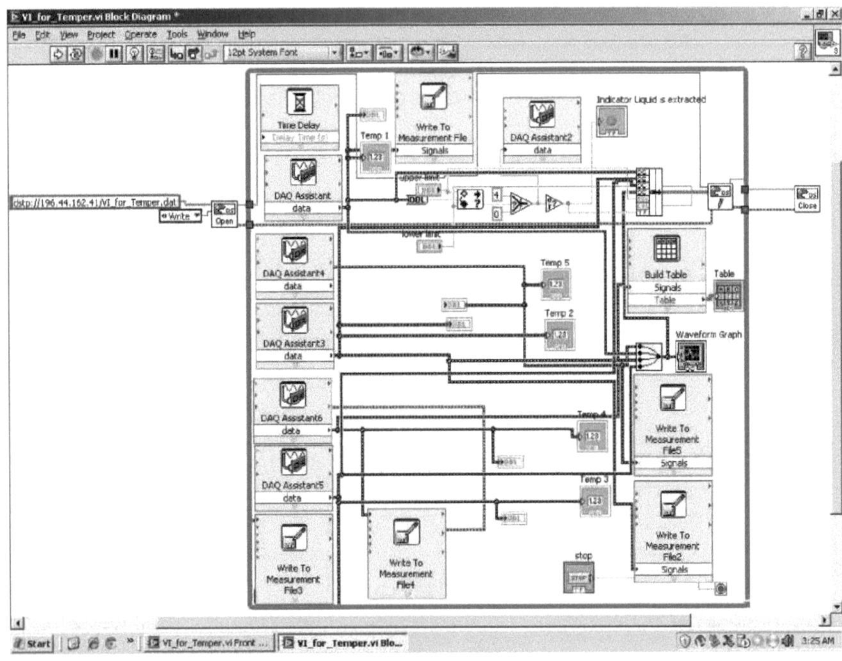

Figura 3.8 : Diagrama de blocos do labVIEW VI para destilação em coluna de líquido acessível através da Web.

Na figura 4.4, do lado esquerdo, temos o subVI "Data Socket Open", que abre uma ligação de dados no URL especificado. É neste ponto do fluxo de execução que a tomada de dados é aberta e instruída sobre o local onde armazenar os dados em tempo real. O próximo passo no fluxo de execução é que todos os dados da série de assistentes DAQ são agregados usando o subVI Bundle que, em seguida, passa os dados para o subVI Flatten to XML. Este subVI converte qualquer tipo de dados ligado a ele numa cadeia XML de acordo com o esquema XML do LabVIEW. A cadeia XML é então analisada pelo subVI Data Socket Write, que escreve os dados no URL especificado no subVI DataSocket Open. Esse processo é feito repetidamente enquanto o loop while for executado. Quando o loop termina, o DataSocket é fechado pelo subVI DataSocket Close. Note-se que à medida que a experiência é executada, especialmente dentro do ciclo while, os dados são continuamente utilizados para construir uma tabela de resultados e armazenados no ficheiro Write to measurement. Enquanto a execução e o armazenamento de dados continuam, o gráfico é ilustrado instantaneamente. A figura seguinte mostra o painel frontal do VI que contém os blocos funcionais do diagrama de blocos do **VI_for_temper.vi.**

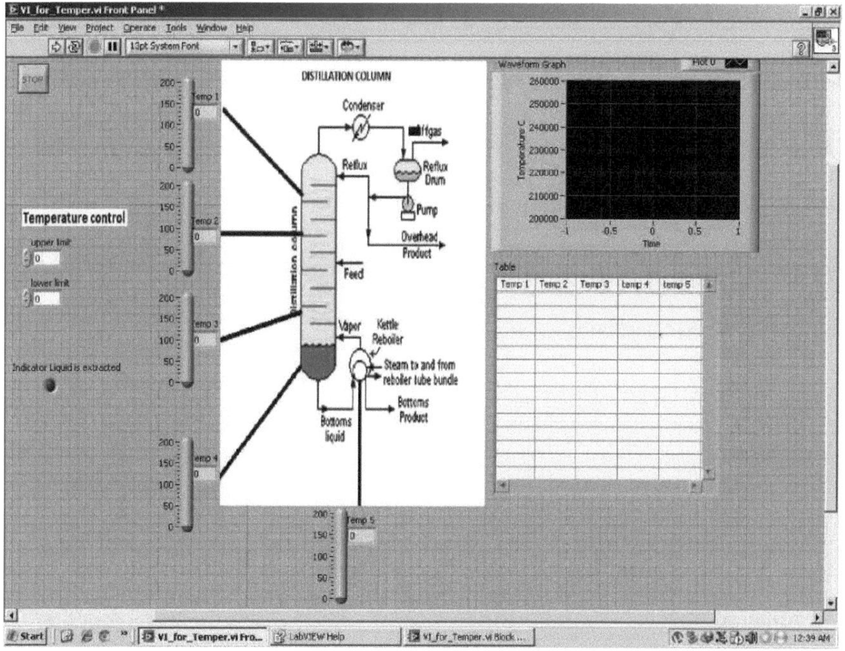

Figura 3.9: Painel frontal do LabVIEW VI para controlo da coluna de destilação de líquidos acessível através da Web.

3.7 Configuração da experiência

Esta secção envolve a configuração que foi feita durante a experiência realizada no laboratório CPE. A configuração da experiência envolve o seguinte: calibração e medições do equipamento, configuração de controlo para a coluna de destilação, utilização da temperatura para determinar a concentração final do produto, realização de destilação em lotes, conclusões sobre a destilação em lotes, destilação contínua e conclusões sobre a destilação contínua.

3.7.1 Calibração e medição de equipamentos

O termómetro de mercúrio padrão foi utilizado para calibrar o controlador de temperatura e o DAQ NI USB 6211 num banho de óleo. A sonda e os sensores de temperatura foram imersos no banho de óleo e o registo da temperatura foi efectuado a partir do tempo 0 min. Os dados do termopar foram introduzidos no labserver através do NI DAQ por meio de um simples VI que contém um assistente DAQ configurado para a aquisição de temperatura e, em seguida, as temperaturas registadas foram armazenadas num ficheiro. A figura seguinte mostra a configuração da NI DAQ para a calibração do equipamento.

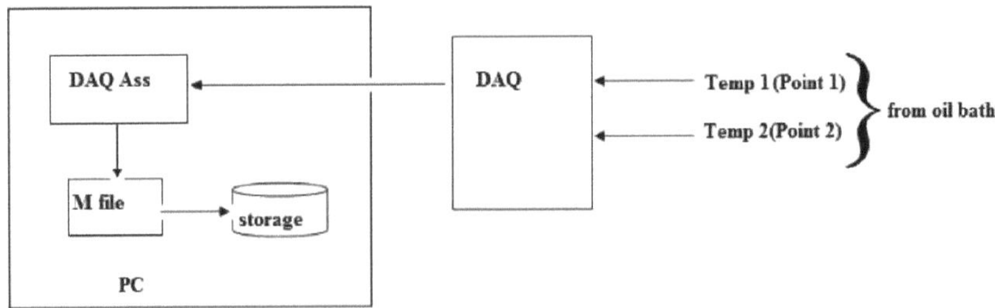

Figura 3.10: Configuração do NI DAQ para calibração do equipamento.

Em seguida, a tabela foi formulada manualmente através da leitura do termómetro padrão e do valor das temperaturas do servidor de laboratório onde o DAQ está integrado. O aquecedor do banho de óleo foi ligado e o aumento da temperatura foi registado de dois em dois minutos até a temperatura atingir um valor superior ao ponto de ebulição do etanol (78,15° C). Os resultados obtidos são os apresentados na tabela seguinte:

Tempo (min)	Temperatura (° C)			
	Termómetro padrão	NI USB 6211		Controlador de temperatura
		Ponto 1	Ponto 2	
0	32	27	28	30
2	34	31	32	32
4	38	36	37	38
6	45	46	44	46
8	60	61	58	60
10	71	71	70	70
12	76	78	75	77
14	86	87	85	87
16	92	94	90	93
18	97	99	96	99
20	100	105	101	104
22	105	110	106	108

Tabela 3:3 Leitura e registo da temperatura para a precisão do DAQ.

Por conseguinte, os dados registados acima mostram que a precisão do DAQ é muito elevada quando comparada com o controlador de temperatura e o termómetro de mercúrio normal. Foi necessário registar a temperatura acima do ponto de ebulição do etanol (78,15° C), uma vez que se trata de uma temperatura de referência, pelo que o sistema, ao atingir essa temperatura com elevada precisão, demonstra a sua grande capacidade.

3.7.2 Configuração de controlo da coluna de destilação

A temperatura do produto final foi monitorizada na parte superior da coluna, regulada para T5, que é a temperatura de referência para o líquido desejado. É na parte superior que as gotas do líquido desejado são extraídas e indicam a sua qualidade. Existem outras Ts, como T4, T3 e T2, utilizadas para monitorizar outras partes da coluna, para além da T5, que é crucial para a extração do líquido desejado. O controlo da temperatura do tabuleiro superior, T5, foi efectuado por controlo de refluxo quando os outros parâmetros foram mantidos constantes, como o fornecimento de calor, o caudal de fundo e a taxa de alimentação. A temperatura de referência deve ser definida para que o controlo do refluxo seja efectuado, por exemplo, para a extração de etanol, a temperatura de referência deve ser definida entre 78° C e 80° . Quando se atinge o intervalo mínimo de temperatura, a bomba de refluxo é ligada para levar o etanol recolhido a frio do tambor de refluxo para o tabuleiro superior da coluna, de modo a manter a temperatura necessária. A bomba de refluxo continua a funcionar até que a temperatura do tabuleiro superior desça para cerca de 78° C. A configuração apresentada na figura 3.5 é a seguinte

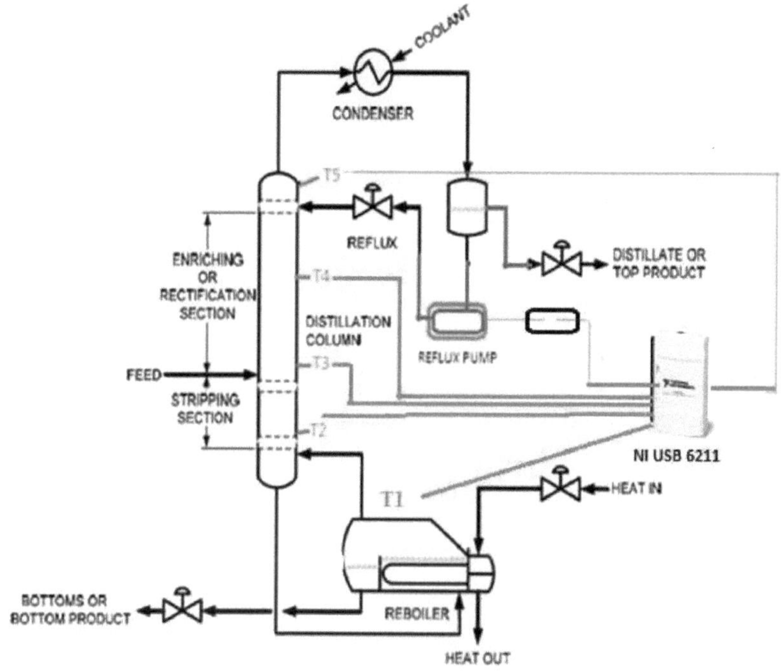

Figura 3.11: Configuração de controlo para a coluna de destilação.

A partir da figura acima, T1- temperatura da caldeira, T2, T3, T4 e T5 são as temperaturas medidas nas suas respectivas posições, como se mostra na figura 3.5, e adquiridas pelo NI USB-6211 que está ligado a um servidor de laboratório. O servidor de laboratório está ligado ao ServiceBroker através da Internet, e o cliente que executa a configuração da experiência através do browser da Internet.

3.7 Conclusão

O capítulo anterior explica a conceção e a implementação do sistema, incluindo as ferramentas que foram utilizadas para o desenvolver. O sistema utilizou a linguagem de programação labVIEW para desenvolver o VI que controlava o NI DAQ para controlo da temperatura e do refluxo, de modo a possibilitar a interação entre o labserver e a coluna de destilação. O VI foi incorporado no ISA, como cliente, especificamente para atuar como interface entre o aluno e o hardware do laboratório. O capítulo seguinte apresenta os resultados e a discussão após a realização de uma experiência utilizando o novo sistema implementado, a coluna de destilação líquida acessível através da Web.

CAPÍTULO 4: RESULTADOS E DISCUSSÃO

4.0 Introdução

Este capítulo aborda os resultados obtidos após a implementação do sistema e a realização de uma experiência de teste. A experiência de teste baseou-se no modo batch durante o processo de produção de álcool, pelo que este capítulo descreve apenas os resultados e não a experiência em modo batch, uma vez que não faz parte desta investigação. A discussão começa por abordar o corretor de serviços e o processo de arranque, seguindo-se as configurações da experiência, a execução da experiência e os resultados da experiência implementada.

4.1 Broker de serviços e processo de arranque

O corretor de serviços gere o agendamento e armazena os dados recolhidos durante a experiência. Para começar, foram instalados os seguintes softwares no computador: Microsoft Windows Server 2003 com IIS, Microsoft SQL Server Express e .NET 2.0 Framework. As instalações de todos os softwares acima mencionados encontram-se no apêndice A, no apêndice B, no apêndice C e no apêndice D, respetivamente.

O corretor de serviços aloja muitos tipos diferentes de servidores no seu interior, para além de se tornar um servidor Web. Por conseguinte, o Internet Information Server (IIS) e a estrutura .NET foram utilizados para criar o servidor Web. Em simultâneo com a criação dos sítios Web necessários, foi iniciado um servidor de correio eletrónico para que os erros e os pedidos fossem enviados por correio eletrónico através do sítio Web. Partiu-se do princípio de que este computador tinha acesso à Internet e um endereço IP válido. Depois de o servidor Web ter sido criado utilizando o Windows

2003, o pacote SQL Server Express MIT criou todas as bases de dados necessárias para o servidor SQL e, por conseguinte, o instalador só precisa de gerar uma conta, bem como de fazer alguns ajustes nas definições de segurança.

O computador no qual o corretor de serviços está localizado também abriga três outros servidores:

Corretor de serviços - Servidor principal

Servidor de armazenamento de experiências - Armazena dados de experiências

Servidor de agendamento do lado do utilizador - permite ao utilizador selecionar uma hora para executar a experiência.

Servidor de agendamento do lado do laboratório - Agenda a utilização do servidor do laboratório com base no pedido de agendamento do lado do utilizador.

Cada servidor tem um conjunto de scripts de base de dados que precisam de ser carregados no Microsoft SQL. Todos os scripts foram escritos e fornecidos pelo MIT. O utilizador cria um site virtual associado a cada servidor. A informação de registo de cada servidor é introduzida nas respectivas bases de dados através de um website.

Após o auto-registo de todos os serviços ou agentes de processo e a confirmação de que todas as informações estavam corretas, seguiu-se a criação de grupos de utilizadores e a adição de todos os agentes de processo ao corretor de serviços. Para adicionar serviços ao corretor de serviços, era necessário o URL do serviço Web e a chave de acesso inicial para cada serviço. Exemplo: chave de acesso do serviço de armazenamento da experiência ESS, chave de acesso do agendamento do lado do utilizador USS e chave de acesso do agendamento do lado do laboratório LSS. A figura 4.1 abaixo mostra a página do corretor de serviços pronta para adicionar serviços.

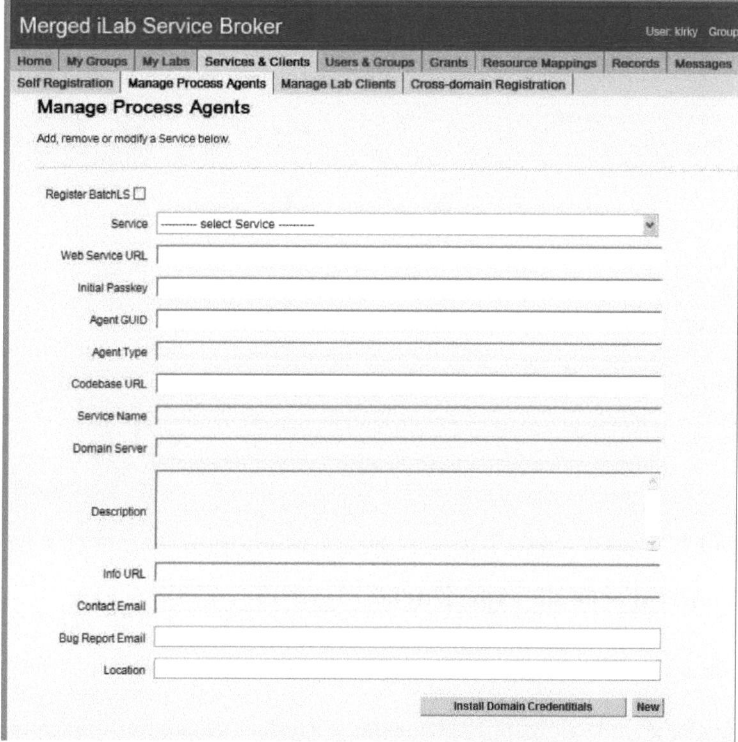

Figura 4.1: Página de gestão do agente de processo.

A figura acima mostra um espaço vazio no qual a credencial deve ser preenchida para cada serviço.

Após a adição de todos os serviços, o administrador pode verificar se todos os agentes de processamento, como o USS, o LSS e o ESS, estão a funcionar e devidamente ligados ao corretor de serviços no separador "Serviços e clientes". A figura 4.2 abaixo mostra os agentes de processamento que já foram adicionados ao corretor de serviços.

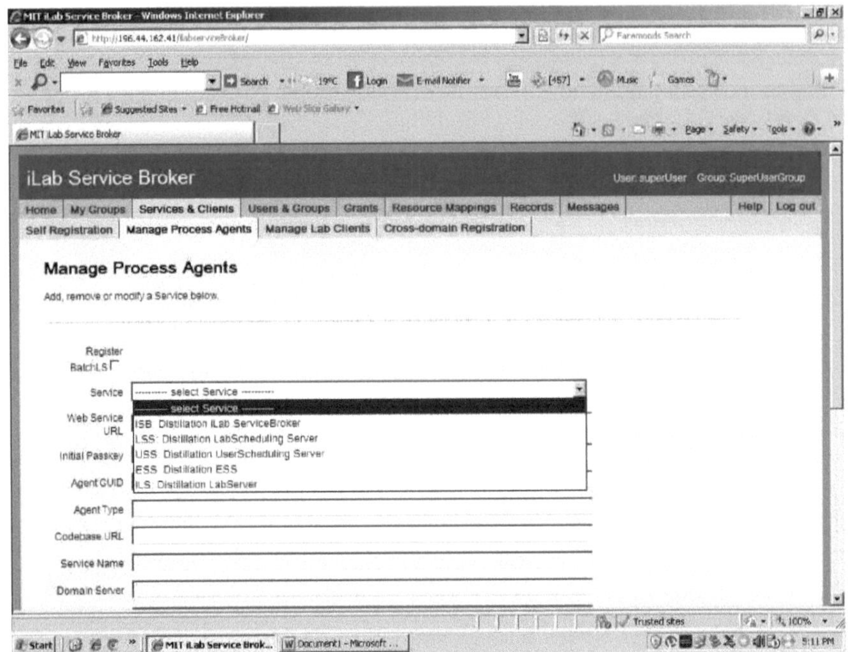

Figura 4.2: Mostra os agentes de processo que já foram adicionados ao corretor de serviços.

4.4.1 Configuração da experiência

Depois de se certificar de que todos os agentes de processo estão a funcionar, o administrador é utilizado para implementar a interface para os instrumentos virtuais que foram criados no LabVIEW. O cliente foi criado no separador Manage Lab Clients no separador services and Clients. A figura 4.3 mostra a página Manage lab Clients, onde o administrador pode adicionar, remover e modificar um cliente. A caraterística única que o distingue de qualquer outro cliente é o GUID.

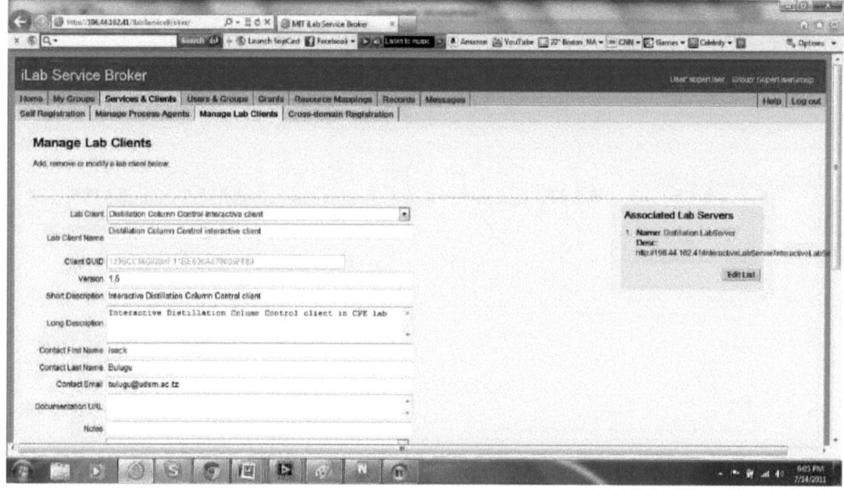

Figura 4.3: A página Gerenciar clientes do laboratório.

Tenha em atenção que o cliente criado está associado a um servidor de laboratório específico, no nosso caso o servidor de laboratório predefinido, conforme indicado no quadrado azul. Depois de o cliente ter sido criado e associado aos agentes de processo e servidores de laboratório apropriados, o passo seguinte é criar uma instância deste cliente de experiência no servidor de laboratório, a configuração é feita navegando no servidor de laboratório para http//196.44.162.41/Interactive-LabServer/InteractiveLabServer.aspx e criando a instância. A Figura 4.4 abaixo mostra a página Configured Lab Experiments (Experiências de laboratório configuradas) onde o administrador introduz todos estes detalhes. É importante notar que o mesmo GUID de cliente é usado tanto na página Servidor de laboratório quanto na página Gerenciar agentes de processo na guia Serviços e clientes do Service Broker.

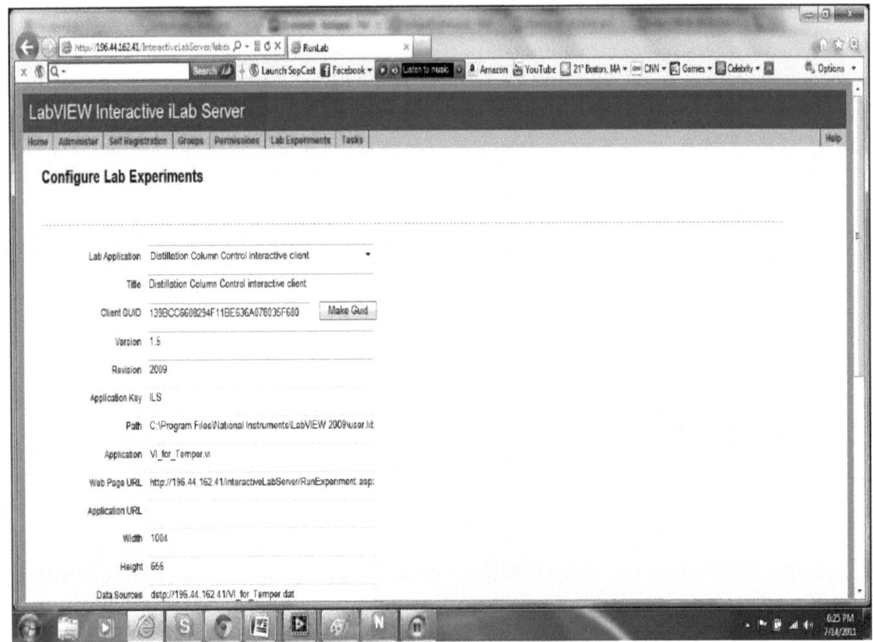

Figura 4.4: A página de configuração das experiências de laboratório no servidor de laboratório.

Tenha em atenção que o Caminho, a Aplicação, o URL da Página Web, o URL da Aplicação e as Fontes de Dados devem ser especificados de forma distinta. Depois de o cliente ter sido instanciado, a experiência está pronta para ser utilizada na Arquitetura Partilhada iLabs.

4.4.2 Execução da experiência

O processo de realização de uma experiência começa quando um utilizador se liga ao ServiceBroker para aceder às experiências disponíveis. Este processo é conhecido como autenticação do utilizador. Para a experiência de controlo da coluna de destilação, o utilizador tem de iniciar sessão através do URL http:/196.44.162.41/iLabservicebroker A figura 4.5 abaixo mostra a página de início de sessão do utilizador do ServiceBroker.

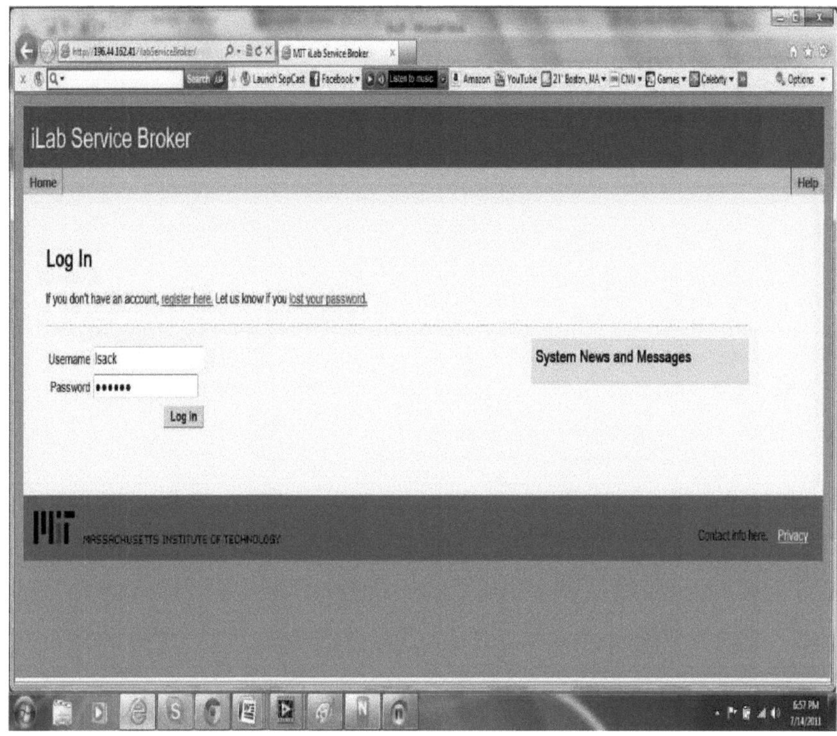

Figura 4.5: A página de início de sessão do utilizador do serviço Broker.

Após a autenticação do utilizador, este é redireccionado para a página com o seu nível de acesso autorizado. Esta página apresenta os diferentes laboratórios que estão acessíveis a esse utilizador específico para uma determinada secção. A Figura 4.6 abaixo mostra os laboratórios acessíveis ao nosso utilizador de teste para esta sessão específica.

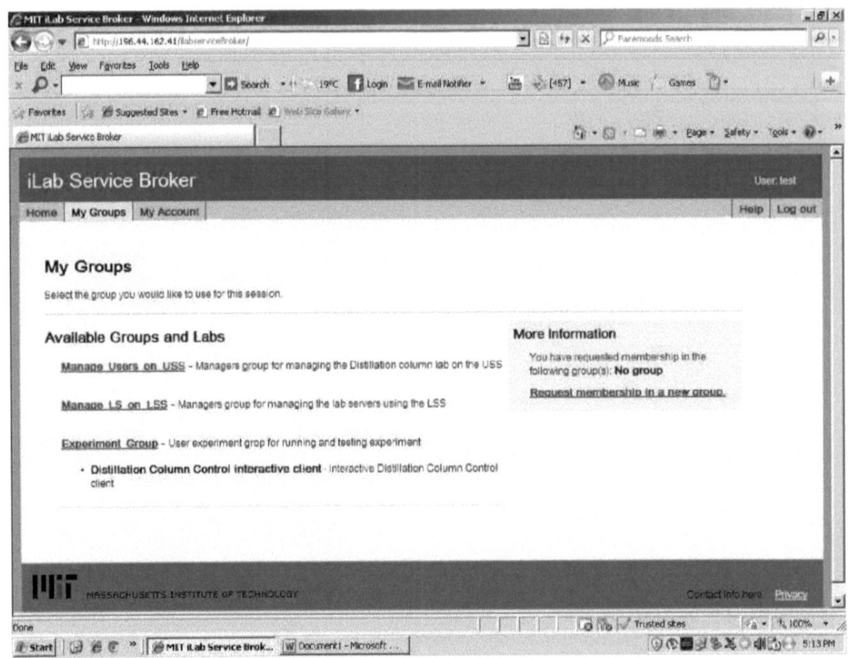

Figura 4.6: Os laboratórios acessíveis ao utilizador.

Quando o utilizador seleciona a **experiência do cliente interativo de controlo da coluna de destilação** que foi criada para as experiências, é redireccionado para a página que mostra os grupos a que pertence. Se pertencer ao Grupo de Experiências, é elegível para realizar uma experiência. A figura 4.6 acima mostra os diferentes grupos a que o utilizador pertence. Quando o utilizador seleciona o Grupo de Experiências, é redireccionado para a página onde se encontram as experiências específicas disponíveis para os utilizadores de um determinado grupo. A Figura 4.7 mostra a página onde se encontram as experiências disponíveis para o Grupo de Experiências.

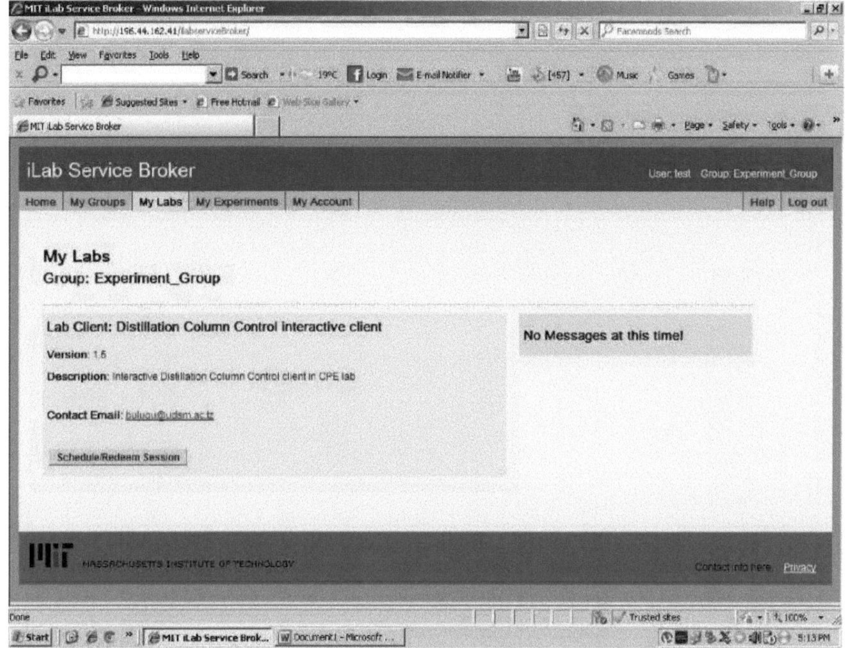

Figura 4.7: Página onde o utilizador agenda sessões de experiências.

O utilizador tem então de agendar uma sessão ou um período de tempo em que pode realizar a experiência. Para tal, basta clicar no botão Agendar/Redimir, como mostra a Figura 4.7. Abre-se uma página pop-up e o utilizador pode definir a data e a hora pretendidas para a experiência. A Figura 4.8 abaixo mostra a página pop-up de agendamento da experiência. Tenha cuidado, note que esta página é carregada a partir do Servidor de Agendamento do lado do utilizador, conforme indicado no cabeçalho superior a verde.

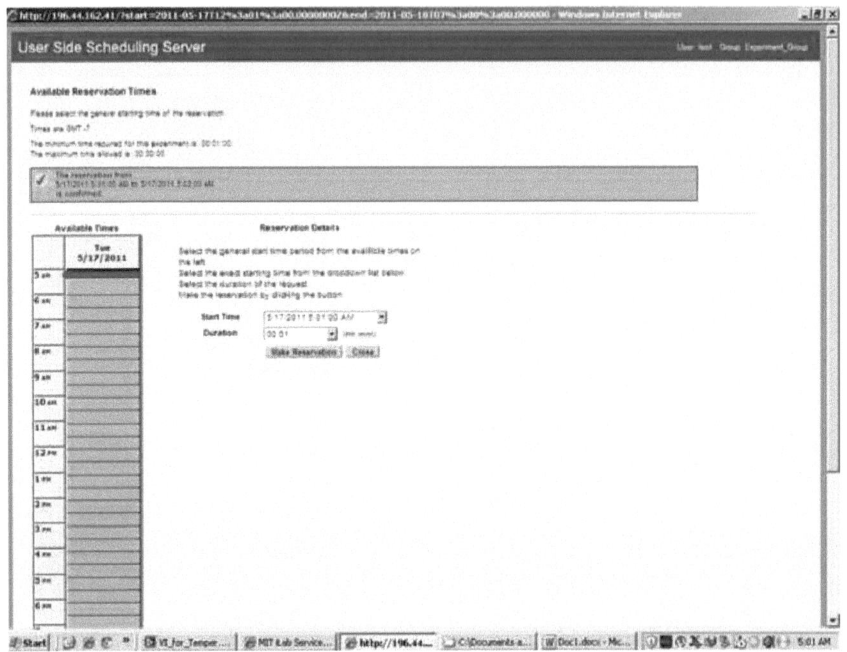

Figura 4.8: A página pop-up Selecionar períodos de tempo.

O utilizador escolhe uma hora de início desejada para a experiência, bem como a duração que pretende para a mesma. A duração ideal para uma experiência de controlo de uma coluna de destilação é, em média, de 1 minuto. O utilizador pode escolher qualquer período de tempo especificado na área verde. A área vermelha mostra os períodos de tempo que já foram agendados por outro utilizador. Quando o utilizador tiver terminado o agendamento, efectua a reserva clicando em Fazer reserva. Ao clicar no botão Fechar da página pop-up Selecionar períodos de tempo, o utilizador regressa à página do Service Broker, onde pode resgatar a sessão e iniciar o laboratório. O utilizador pode optar por resgatar a sessão nesse momento ou numa altura posterior. A página onde o utilizador tem acesso às seguintes opções é apresentada na Figura 4.9 abaixo.

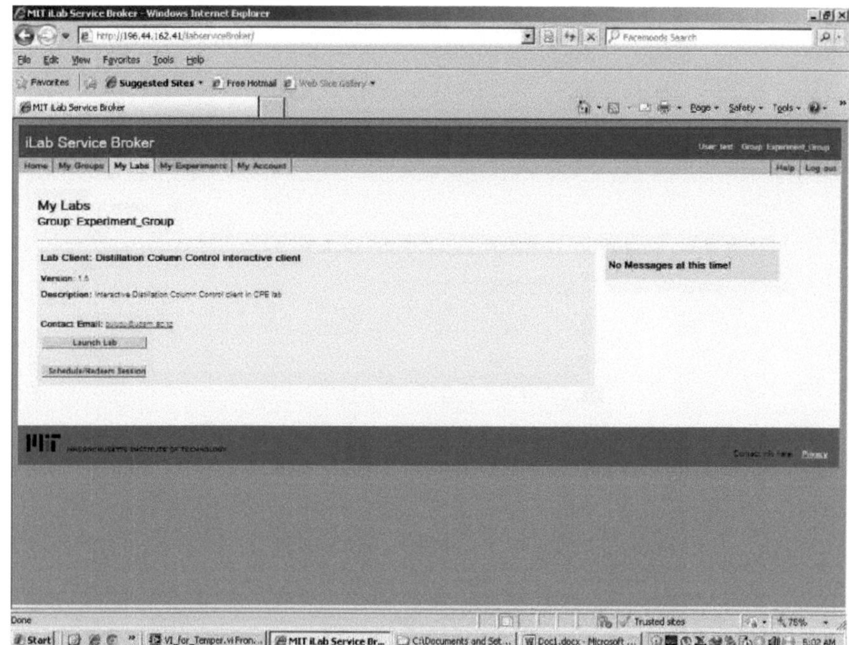

Figura 4.9: Página para resgatar a sessão e lançar o laboratório.

Ao clicar no botão Launch Lab (Iniciar laboratório), o utilizador é redireccionado para o cliente interativo, onde pode ver a pequena janela pop que mostra a hora de reserva, ou seja, a hora de início e a hora de fim da reserva para executar o laboratório, como mostra a Figura 4.10 abaixo. O utilizador pode então variar os parâmetros e executar a experiência.

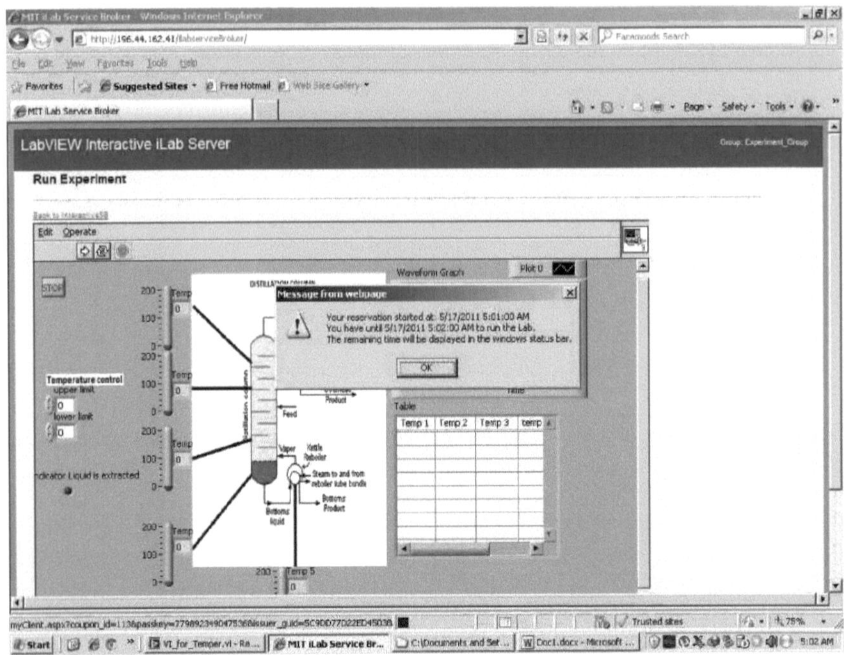

Figura 4.10: Página de reserva de tempo para efetuar a experiência.

A figura 4.11 mostra o cliente interativo no qual o utilizador pode alterar os parâmetros da experiência durante a execução de uma determinada experiência. O sistema é automatizado de tal forma que o utilizador só pode controlar o valor da temperatura inserindo o intervalo do ponto de ebulição de um líquido a extrair, como mostra a figura 4.11 no lado esquerdo da página. Isto torna a experiência interactiva, uma vez que os resultados estão sempre a mudar, especialmente o gráfico e os dados recolhidos na tabela de resultados.

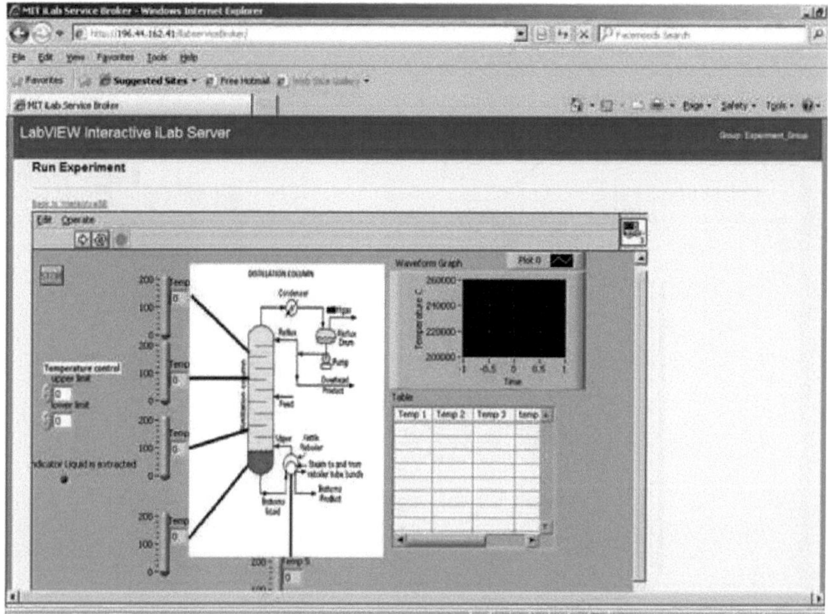

Figura 4.11: O cliente interativo.

Além disso, a figura acima apresenta uma imagem de uma coluna de destilação que ajuda o aluno a identificar exatamente os pontos que são monitorizados ao longo da coluna durante a realização da experiência.

4.5 Resultados da experiência implementada

O laboratório remoto que foi implementado teve de executar uma experiência a partir do laboratório CPE, o que foi feito com a ajuda de um investigador do CPE que estava a realizar uma experiência de destilação em descontínuo para a sua investigação e que, com a ajuda do sistema desenvolvido, conseguiu recolher dados e traçar gráficos para análise de dados remotamente. Uma instância da experiência durante a execução é mostrada na figura 4.12 abaixo.

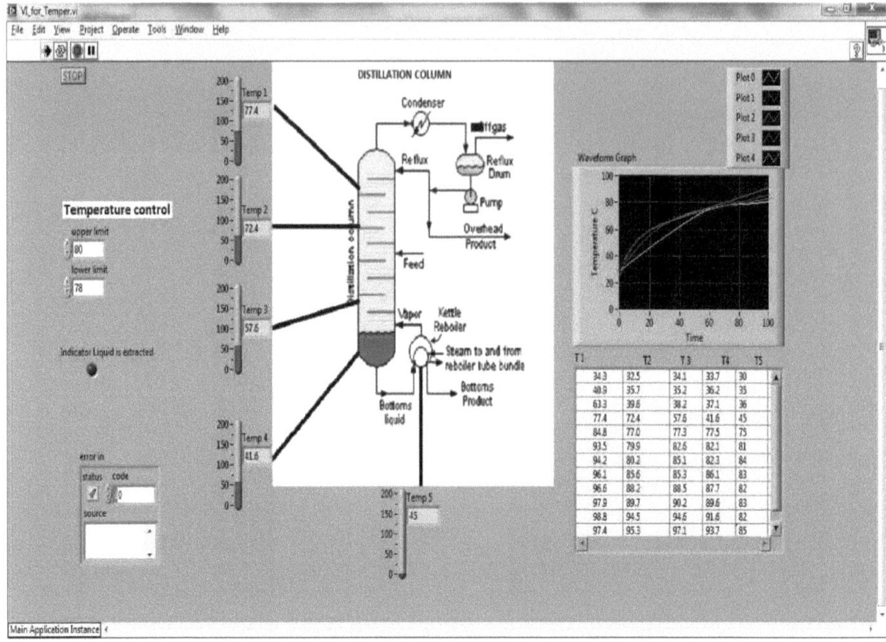

Figura 4.12: Experiência de controlo da coluna de destilação.

Como se pode ver na figura acima, foram monitorizados cinco pontos ao longo de uma coluna de cor amarela. No lado direito da figura, há um gráfico da forma de onda e uma tabela de resultados, ambos para mostrar os resultados obtidos durante a execução.

4.6 Conclusão

Este capítulo apresentou e discutiu os resultados obtidos após a conceção e implementação de um sistema de controlo de colunas de destilação de líquidos via ISA acessível através da Web. As capturas de ecrã e os diagramas apresentados ilustram os resultados deste projeto de acordo com a experiência implementada que conclui os objectivos desta investigação.

CAPÍTULO 5: RECOMENDAÇÃO

5.0 Resumo da investigação

A acessibilidade web do sistema de coluna de destilação de líquidos facilitou e reduziu a carga de trabalho dos investigadores e estudantes. O trabalho descrito diz respeito ao controlo da monitorização da temperatura e ao controlo da operação de refluxo da coluna de destilação à distância, em geral durante a extração de líquidos de acordo com os seus pontos de ebulição. O líquido é extraído da mistura de líquidos utilizando os seus pontos de ebulição; nesse caso, a temperatura deve ser mantida à temperatura necessária para a extração e todos os outros factores devem ser mantidos constantes, como o caudal de alimentação, o caudal de fundo e o fornecimento de calor. A aquisição da temperatura e a geração do sinal foram possíveis graças à utilização do DAQ NI USB 6211, que foi controlado pelo labVIEW como linguagem de programação. A investigação baseou-se no modo interativo, que envolve operações em tempo real, em que um cliente interage em tempo real com o hardware. O VI foi criado a partir do labVIEW, permitindo a passagem de dados de um componente para o outro à medida que a experiência era executada. Foi implementada uma experiência utilizando este sistema desenvolvido; a experiência era sobre a produção de álcool, também conhecida como experiência de destilação em lote, e através da experiência implementada foram atingidos os objectivos da investigação.

A investigação foi implementada com êxito como experiência em linha e em tempo real na Universidade de Dar es Salaam, no departamento de engenharia química e de processamento. Para além disso, a acessibilidade à web da coluna de destilação de líquidos apresenta a primeira investigação em iLabs a ser introduzida no domínio da engenharia de processamento químico.

5.2 Conclusão

A destilação em coluna de líquido acessível através da Internet foi concluída com êxito, uma vez que os objectivos da investigação foram alcançados. O sistema de controlo de destilação em coluna líquida acessível através da Web apresenta a primeira investigação na história do iLab a lidar com engenharia química e de processamento, o que constitui mais um passo em frente para o projeto ilab em África. O projeto foi realizado com a forte convicção de que daria aos estudantes e investigadores do CPE uma oportunidade de suavizar e reduzir a sua carga de trabalho para a realização das suas actividades de investigação e experimentais.

O sistema foi implementado com êxito e um investigador efectuou uma investigação bem sucedida que provou a funcionalidade do sistema implementado.

5.3 Recomendações para trabalhos futuros

Esta investigação apresentada tem um grande potencial para a sociedade do iLab em todo o mundo, uma vez que mostra aos jovens investigadores que o iLab não se aplica apenas à eletrónica, mas também a outros domínios. Por isso, recomendo aos investigadores que sigam os meus passos e explorem outros domínios sempre que necessário, de modo a utilizar o iLab como ferramenta para resolver problemas que existem noutros domínios ou simplificar outros sistemas em diferentes domínios para além da eletrónica e das telecomunicações.

REFERÊNCIAS

- Harjono (2001). Projeto Telelabs: Laboratório de Controlo de Temperatura Online. Tese de Doutoramento em Engenharia Mecânica e Eletrónica. Universidade da Austrália Ocidental.

- Casini M., Prattichizzo D. e Vicino A. (2001). O Telelab de Controlo Automático: Um Laboratório de Engenharia de Controlo Remoto. Actas da 40ª Conferência do IEEE sobre Decisão e Controlo, Orlando, EUA. ThM 10-5.

- Trevelyan, J. (2004). "Lessons Learned from 10 Years Experience with Remote Laboratories". Conferência Internacional sobre Educação e Investigação em Engenharia "Progress Through Partnership", Ostrava, ISSN 1562-3580.

- Böhne, A., Faltin, N. e Wagner, B. (2002). "Aprendizagem auto-dirigida e assistência tutorial num laboratório remoto". Conferência sobre Aprendizagem Interactiva Assistida por Computador. Villach, Áustria. 2002.

- Duan, B., Ling, K., Mir M. Hosseini, H (2004). "Desenvolvimento e implementação de um laboratório em linha para o ensino da engenharia de controlo". Universidade Tecnológica de Nanyang.

- Viedma, G.N (2004), *Conceção e Implementação de um Protótipo de Laboratório Web de Sistemas de Feedback.*

- Gikandi, S (2006), *A Flexible Platform for Online Laboratory Experiments in Electrical Engineering (Uma Plataforma Flexível para Experiências Laboratoriais em Linha em Engenharia Eléctrica)*, não publicado no MSc. Engineering in Electrical and

Computer Science, Massachusetts Institute of Technology.

• Jiwaji A (2008), *Modular Development of an Educational Remote Laboratory Platformfor Electrical Engineering: the ELVIS iLab,* Tese de Mestrado em Engenharia, Massachusetts Institute of Technology.

• Josiah P.N (2009), *Integrating National Instrument Data Acquisition De- vice(6009) into iLab framework,* Mestrado em Engenharia Eletrónica e Tecnologias da Informação, Universidade de Dar es salaam.

• Bryant H (2006), *Expanding the Capabilities of the ELVIS iLab Using Component Switching,* tese de mestrado em engenharia, Instituto de Tecnologia de Massachusetts.

• Baraka M.M (2009), *Expanding the Capabilities of the NI elvis ilabs Shared Architecture by intergrating a current-voltage analyzer,* Mestrado em Engenharia Eletrónica e Tecnologias da Informação, Universidade de Dar es salaam.

• del Alamo, J.A (2004), "Realizing the Potential of online experiments in SubSahara Africa", *Relatório Anual de Investigação do MTL.*

• del Alamo J(2005), *Realizing the Potential of iLabs in sub-Sahara Africa,* Reunião do Comité Diretivo na Universidade de Makerere, Kampala, Uganda.

• Harward J. et. al., *The iLab Architecture: A Web Services Infrastructure to Build Communities of Internet Accessible Laboratories,* Proceedings of the IEEE, vol.96, no.6, pp.931-950, junho de 2008.

• Teyana S.S (2010), *Integrating the NI Elvis Bode Analyzer and Deployment of a Single Stage Common Emitter, Resistor Capacitor Coupled Amplifier in the ilab*

Shared Architecture Framework, Mestrado em Engenharia Eletrónica e Tecnologias da Informação, Universidade de Dar es salaam.

- *NI.(2009),National Instruments: LabVIEW: Aquisição de dados (DAQ),* http://www.ni.com/pdf/manuals/371931f.pdf recuperado em 2 de novembro de 2010.
- *Tomada de dados,* http://www.ni.com/datasocket recuperado em 2 de novembro de 2011.
- NI. (2006), *National Instruments: LabVIEW: - O software que potencia a Instrumentação virtual,* http://www.ni.com/LabVIEW/ recuperado em 1st janeiro, 2011.
- Sensores, http://en.wikipedia.org/wiki/Sensor recuperado em segunda-feira 1st novembro de 2010
- Thermocouple-Quick guide, http://www.azom.com/article.aspx?ArticleID=1208 recuperado em Quarta-feira 16th março, 2011.
- LDC.(2011), http://csd.newcastle.edu.au/simulations/dist_sim.html recuperado em Terça-feira 4th janeiro, 2011.
- Wiki.(2011), http://en.wikipedia.org/wiki/Distillation recebido na sexta-feira, 1 de julho de 2011.
- Relay switch circuit, http://www.pc-control.co.uk/relays.html recuperado em segunda-feira 19th junho, 2011.
- Elisante, E; "Robustness and Identification Issues in Horizon Predictive Control with Application to a Binary Distillation Column," *Dissertação de Mestrado,*

Departamento de Engenharia Química, Universidade do Estado do Arizona (1992).

- Clton, C. K., Knight, M. Q., Khan, R., West, R., "A Web-Accessible Heat Exchanger Experiment", *INNOVATIONS 2004: World Innovations in Engineering Education and Research,* Win Aung, Robert Altenkirch, Tomas Cermak, Robin W. King, e Luis Manuel Sanchez Ruiz. Arlington, VA: iNEER, 2004, pp. 93106.

APÊNDICES

Este documento descreve as etapas necessárias para criar uma máquina de desenvolvimento iLabs a partir do zero na plataforma Windows. Abrange a instalação do Windows Server 2003, do SQL Server, do Visual Studio.NET 2003 e de várias ferramentas. Descreve também a instalação do código fonte do iLabs e a criação de um projeto de desenvolvimento no Visual Studio.NET.

APÊNDICE A: Windows Server 2003

Para obter uma instalação limpa, a partição onde o sistema operativo reside será reformatada. A única forma de o fazer é arrancar a partir de um CD de instalação.

Insira o CD do Windows 2003 e reinicie o computador. Procure uma mensagem na parte superior do ecrã que diga "Prima qualquer tecla para arrancar a partir do CD...". Se não vir esta mensagem, terá de desligar a máquina e tentar novamente. Se não vir esta mensagem, terá de aceder à configuração CMOS e ativar a unidade de CD-ROM como dispositivo de arranque.

Nota: **Não ligue o computador à rede até ao final do processo de compilação.** Isto é para evitar que a máquina seja pirateada até estar devidamente protegida e também para facilitar a reinicialização com uma palavra-passe de Administrador (temporariamente) em branco.

Quando a máquina começa a arrancar, pode demorar 2 ou 3 minutos a carregar todos os controladores para o Windows.

APÊNDICE B: Servidor de Informação Internet (IIS).

No Windows Server 2003, o IIS não é instalado por padrão. Uma vez que este inclui o Servidor Web e o meio pelo qual as páginas ASP.NET são servidas, tem de ser instalado.

Instalar o servidor Web

□ No menu Iniciar, clique em **Gerir o servidor**

□ Em Adicionar funções ao seu servidor, clique em **Adicionar ou remover uma função**

□ Na caixa de diálogo Passos preliminares, clique em **Seguinte >**

□ É apresentada uma mensagem: "Pelo menos uma das ligações de rede deste servidor está atualmente desligada..." Clique em **Continuar**

□ Opções de configuração: Selecione **Configuração personalizada** e, em seguida, clique em **Seguinte>**

□ Em Função de servidor, clique em **Servidor de aplicações (IIS, ASP.NET)** e, em seguida, clique em **Seguinte>**.

□ Clique nas caixas junto a **Front Page Extensions** e **Enable ASP.NET e,** em **seguida,** clique em **Next >**

□ Reveja a caixa Resumo e, em seguida, clique em **Seguinte >**

□ Insira o CD do Windows Server 2003 quando solicitado

□ Aguardar enquanto os componentes são instalados

□ Quando estiver concluído, verá uma mensagem que diz **Este servidor é agora um servidor de aplicações**

□ Clique em **Concluir**

□ Fechar a janela Gerir o seu servidor

Alterar a localização predefinida do ficheiro do servidor Web

Em seguida, altere a localização predefinida dos ficheiros do Web site e dos ficheiros de registo para a unidade D. Se não tiver uma unidade D, passe para a secção seguinte, Servidor SMTP.

Formatar a unidade D: o Iniciar->Meu computador (clique com o botão direito do rato e escolha Explorar)

o Clique com o botão direito do rato na **unidade D** e selecione **Formatar...**

o Certifique-se de que **a opção NTFS** está selecionada

o Para o **rótulo do volume**, digite **Data**

o Não selecione Quick Format (Formato rápido) ou Enable Compression (Ativar compressão)

o Clique em **Iniciar**

o Clique em **OK** quando aparecer a janela de aviso - A formatação irá apagar todos os dados deste disco.

o Se tiver uma partição grande, isto pode demorar algum tempo a concluir.

□ Abrir o Explorador do Windows

□ Criar uma pasta chamada **Inetpub** na **unidade D**

□ Criar uma subpasta do Inetpub chamada **wwwroot**

□ Criar uma pasta chamada **Logs** na **unidade D**

□ Clique com o botão direito do rato em Iniciar -> **O meu computador**

□ Selecionar **Gerir**

□ Expandir **serviços e aplicações**

□ Expandir **os serviços de informação da Internet**

□ Expandir **sítios Web**

□ Clique com o botão direito do rato no **Web site predefinido**

- Selecionar **propriedades**
- Clique no separador **Web Site**
- Ao lado de **Formato do registo ativo**, na parte inferior, clique em **Propriedades**
- Na caixa Diretório **do arquivo de log** na parte inferior, digite **D:\Logs**
- Clique em **OK**
- Clique no separador **Diretório Principal** na parte superior
- Na caixa **Caminho local**, altere a letra da unidade de **C** para **D** (D:\inetpub\wwwroot)
- Clique em **OK**
- Pare e reinicie o IIS selecionando Iniciar->Executar e escrevendo **iisreset** na linha de comandos.

APÊNDICE C: Empresas do SQL Server 2000

Conta de utilizador SQL

Antes de instalar o SQL/2000, crie uma conta de utilizador para os Serviços SQL/2000.

- Clique com o botão direito do rato em **O meu computador**
- Clique em **Gerir**
- Expandir **utilizadores e grupos locais**
- **Utilizadores que** clicam com o botão direito do rato
- Clique em **Novo utilizador...**
- Nome de utilizador e nome completo: **SqlAccount**
- Descrição: **Conta dos Serviços SQL**
- Palavra-passe: Introduza uma palavra-passe forte (com pelo menos 10 caracteres, incluindo maiúsculas e minúsculas, bem como números ou caracteres especiais).
- Desmarque **a opção O utilizador tem de alterar a palavra-passe no próximo início de sessão**
- Verificar **O utilizador não pode alterar a palavra-passe**
- Verificar **se a palavra-passe nunca expira**
- Clique em **Criar**
- Clique em **Fechar**

Produto de base

Antes de instalar o SQL Server, crie uma pasta na unidade D para conter os dados.

- Na unidade D, crie uma pasta chamada **Database (Base de dados)**
- Abra esta pasta e crie uma subpasta chamada **Dados**
- Na pasta Database, crie outra subpasta chamada **Backup**

Coloque o CD do SQL Server 2000 Enterprise na unidade de CD.

□ O programa de instalação deve ser carregado automaticamente. Se isso não acontecer, navegue até <CD Drive>:\ENGLISH\ENT e faça duplo clique em **Autorun.exe**

□ Clique em **Componentes do SQL Server 2000**

□ Clique em **Instalar o servidor de bases de dados**

□ Aparecerá uma mensagem de erro: **SQL Server 2000 SP2 e inferior**. Corrigiremos isto mais tarde; por agora, clique em **Continuar**

□ Bem-vindo ao Assistente de Instalação do Microsoft SQL Server. **Seguinte**

□ Aceitar a predefinição de **Computador local**. **Seguinte ->**

□ Aceitar a predefinição de **Criar uma nova instância do SQL Server... Seguinte ->**

□ Para nome, introduza o Nome da máquina. Em Company (Empresa), introduza o nome da sua universidade ou empresa. **Seguinte**

□ Clique em **Sim** para aceitar o contrato de licença

□ Aceitar a predefinição de **Ferramentas do servidor e do cliente**. **Seguinte ->**

□ Deixe a caixa ao lado de **Default (Predefinição**) selecionada. **Seguinte ->**

□ Tipo de configuração: Selecione o botão de rádio **Personalizado**

□ Deixe o programa e os ficheiros de dados na sua localização predefinida (mudaremos a localização do ficheiro de dados mais tarde) **Next->**

□ Selecione Componentes: Deixe as predefinições, a menos que também queira as amostras de código. Clique em

Seguinte

□ Contas de serviço: **Utilizar a mesma conta** para cada serviço. **Utilizar uma conta de utilizador do domínio** - Por motivos de segurança, é aconselhável não executar o SQL Server como administrador. Utilize o utilizador SQLAccount que criou anteriormente para executar os serviços do

SQL Server. Introduza SqlAccount para o nome de utilizador e a palavra-passe nas caixas corretas.

□ **Seguinte**

□ Modo de autenticação: **Modo de autenticação do Windows. Seguinte**

□ Definições de agrupamento: Aceitar as predefinições. **Seguinte->**

□ Bibliotecas de rede: Aceitar as predefinições. **Seguinte**

□ Iniciar a cópia de ficheiros. A configuração tem informações suficientes... **Seguinte->**

□ Escolha o modo de licenciamento: **Por lugar** para **25** dispositivos. Clique em **Continuar**

□ Aguarde um pouco até o produto ser instalado.

□ **Configuração concluída**. Quando vir esta mensagem, clique em **Concluir**.

□ Remova o CD e **reinicie** a máquina.

Alterar as localizações predefinidas dos ficheiros

□ Clique em Start-> Enterprise Manager

□ Navegue para Console Root->Microsoft SQL Servers->SQL Server Group->Machine Name (pode dizer (local) (Windows NT))

□ Clique com o botão direito do rato no nome do servidor (ou "local") e clique em **Propriedades.**

□ Clique no separador **Definições da base de dados**.

□ Perto da parte inferior, clique no botão ... à direita da caixa **Diretório de dados predefinido**.

Navegue até D:\Database\Data

□ Clique em **OK**

□ Repita este procedimento para o **diretório de registo por defeito** (nota: os ficheiros de registo podem ir para o mesmo diretório que os ficheiros de dados).

□ Clique em OK

Sair do Enterprise Manager

APÊNDICE D: Visual Studio.NET 2003

Instalação do produto

Nota: Se esta máquina não for utilizada para desenvolvimento, a instalação do Visual Studio.NET não é necessária.

Trata-se de um processo moroso.

- Clique com o botão direito do rato em **O meu computador** e clique em **Gerir**.
- Expandir **utilizadores e grupos locais**
- Faça duplo clique em **Utilizadores**
- Clique com o botão direito do rato em **Administrador**
- Clique em **Definir palavra-passe**.
- Digite uma palavra-passe duas vezes e clique em **OK**
- A palavra-passe foi alterada. Clique em **OK**
- Fechar a janela Gestão do computador.

Agora, obtenha os CDs do Visual Studio.NET 2003. Deve haver três no mínimo, sete para a instalação completa:

1) Pré-requisitos do Visual Studio.NET 2003

2) Visual Studio.NET 2003 Enterprise Architect, Disco 1

3) Arquiteto empresarial do Visual Studio.NET 2003, Disco 2

4) Biblioteca do Visual Studio.NET 2003, Disco 1

5) Biblioteca do Visual Studio.NET 2003, Disco 2

6) Biblioteca do Visual Studio.NET 2003, Disco 3

7) Visual Source Safe 6.0d (Opcional; instalar se pretender ter um ambiente de controlo de fontes

neste computador)

□ Insira o Visual Studio.NET 2003 Enterprise Architect, Disco 1. Aguarde um momento para que o Autorun seja iniciado.

□ Clique em **Pré-requisitos do Visual Studio.NET**.

□ Quando solicitado, insira Pré-requisitos do Visual Studio.NET 2003. Clique em **OK** quando estiver pronto.

□ Contrato de licença: Clique em **Concordo**.

□ Clique em **Continuar**

□ Clique em **Instalar agora**.

□ Marque a caixa de verificação junto a **Iniciar sessão automaticamente**. Introduza a sua palavra-passe de administrador duas vezes.

□ Clique em **Instalar agora!**

□ Quando a instalação dos pré-requisitos terminar (demorará alguns minutos), clique em **Concluído**.

□ Clique em **2. Visual Studio.NET**

□ Quando solicitado, insira o Disco 1 do Visual Studio.NET. Clique em **OK** quando estiver pronto.

□ Contrato de licença: Clique em **Concordo**

□ Introduza o nome da máquina junto a **O seu nome**

□ Clique em **Continuar**

□ Aceite as predefinições e clique em **Instalar agora!**

□ Insira o Visual Studio.NET Disk 2 quando solicitado (após cerca de 15 minutos). Clique em **OK**

□ Após cerca de 15 minutos, verá esta mensagem: **O passo 2 da configuração está concluído**.

Clique em **Concluído**. Retire o CD.

□ Clique **3 - Documentação do produto**

□ Quando solicitado, insira o disco 1 da biblioteca do Visual Studio (o prompt pode especificar o disco 1 do MSDN). Clique em **OK**.

□ Bem-vindo... Clique em **Seguinte>**

□ Contrato de licença: Assinalar **Aceito** os termos.

□ Clicar em **Seguinte->.**

□ Introduza o nome da máquina para o Nome de utilizador e o MIT para a Organização.

□ Clicar em **Seguinte->.**

□ Verificar a **totalidade**

□ Clicar em **Seguinte->.**

□ Aceite a pasta de destino predefinida e clique em **Seguinte->.**

□ Clique em **Instalar**

□ Quando solicitado, insira o disco 2 da biblioteca do Visual Studio. Clique em **OK**.

□ Quando solicitado, insira o disco da biblioteca do Visual Studio 3. Clique em **OK**.

□ Assistente de configuração da biblioteca concluído. Clique em **Concluir**

□ Clique em **Sair**

□ Actualizações de segurança: Clique em **Não** (faremos isto mais tarde)

APÊNDICE E: Quadros NET 2.0

Instalar a estrutura .NET 2.0

A Arquitetura iLabs Interactiva necessita da instalação do .NET 2.0 framework. Este não é instalado quando instala o Windows Server 2003.

Transfira o Microsoft .NET framework a partir de http://www.microsoft.com/downloads/. Deverá existir uma ligação para o .NET Framework Version 2.0 Redistributable Package (x86).

Assim que o ficheiro dotnetfx.exe for descarregado, faça duplo clique no ficheiro para o instalar.

Ativar o Windows

- Iniciar-> Todos os programas -> **Ativar o Windows**
- Clique no botão de rádio junto a "**Sim**, vamos ativar o Windows através da Internet agora"
- Clique em **Seguinte>**
- Clique no botão de rádio ao lado de "**Não**, não quero registar-me agora"
- Clique em **Seguinte>**
- Deverá ver uma mensagem: "Activou com êxito a sua cópia do Windows".
- Clique em OK

Printed by Books on Demand GmbH, Norderstedt / Germany